GE 智能平台自动化系统实战丛书

GE 智能平台控制系统及其应用

（基于 Proficy Machine Edition 9.0 软件）

主　编　谭亚红　吴　燕　胡韶华
副主编　伍小兵　胡银全　孙文杰　张浩然

图书在版编目(CIP)数据

GE智能平台控制系统及其应用：基于Proficy Machine Edition 9.0软件 / 谭亚红，吴燕，胡韶华主编. — 天津：天津大学出版社，2019.6（2021.1重印）
（GE智能平台自动化系统实战丛书）
ISBN 978-7-5618-6417-3

Ⅰ.①G… Ⅱ.①谭… ②吴… ③胡… Ⅲ.①自动化系统-教材 Ⅳ.①TP27

中国版本图书馆CIP数据核字(2019)第112525号

GE Zhineng Pingtai Kongzhi Xitong Ji Qi Yingyong（Jiyu Proficy Machine Edition 9.0 ruanjian）

出版发行 天津大学出版社
地　　址 天津市卫津路92号天津大学内(邮编:300072)
电　　话 发行部:022-27403647
网　　址 publish.tju.edu.cn
印　　刷 北京盛通印刷股份有限公司
经　　销 全国各地新华书店
开　　本 185mm×260mm
印　　张 11
字　　数 275千
版　　次 2019年6月第1版
印　　次 2021年1月第2次
定　　价 32.00元

前　言

随着控制技术的不断发展，GE 智能平台大学计划在中国得以迅速推广，校企合作共建了近百所实验室，未来还会有更多的高校加入到这个计划中。GE 智能平台的自动化系统在工业控制领域得到了越来越广泛的应用，软件也在不断更新，但与 GE 智能平台自动化技术相关的公开出版的教材较少，而且参考资料主要是英文版技术手册，教学中不实用且具有很多的局限性。特别是在软件使用中，进行参数设置时由于资料匮乏增加了学习的难度，限制了技术的推广和应用。

本书的编写目的是推广 GE 智能平台的先进控制技术和理念，开展高校相关专业的教学和科研工作，提高师生的研究及实际应用水平；也想抛砖引玉，与广大教育界同人共同推动自动化专业教育事业不断向前发展。

本书以 GE 智能平台 Proficy Machine Edition 9.0 软件和 iFIX5.1 组态软件在工程实践中的应用为例，对 Proficy Machine Edition 9.0 软件和 iFIX5.1 组态软件的相关知识（包括基本概念、系统设置、标签、数据库、图形与动画制作、报警数据显示、安全与调度报表等），按照工作导向给予了循序渐进的描述。本书的编写遵循“可操作性、实用性”原则，既可以作为高校教学教材，又可以作为工具书使用。

本书由 8 个章节组成：第 1 章概述，第 2 章 PAC systems 系列产品概况，第 3 章 Proficy Machine Edition 软件的组态及应用，第 4 章 VersaMax 系列产品，第 5 章基本指令及程序设计，第 6 章 PAC 通信与自动化通信网络，第 7 章触摸屏界面开发设计，第 8 章典型实验实例分析。本书描述的操作过程和配置参数均经过了实践验证，便于读者在实际应用中借鉴。

本书由重庆工程职业技术学院谭亚红、吴燕、胡韶华担任主编，重庆工程职业技术学院伍小兵、胡银全、孙文杰、张浩然担任副主编。通用电气智能设备（上海）有限公司、南京南戈特智能技术有限公司、天津大学出版社对本书的出版给予了大力支持，在此表示衷心的感谢！

因编者水平有限，书中难免有错漏之处，恳请读者批评指正。

编者邮箱地址：190473986@qq.com。

编者

2019 年 6 月

前 言

[illegible]

目　　录

第1章　概述

可编程控制器（Programmable Controller）是计算机家族中的一员，是为工业控制应用而设计制造的。早期的可编程控制器称作可编程逻辑控制器（Programmable Logic Controller，PLC）。它主要用来代替继电器实现逻辑控制，随着技术的发展，这种装置的功能已经大大超出了逻辑控制的范围。因此，今天这种装置称作可编程控制器，简称 PC，但是为了避免与个人计算机（Personal Computer，PC）的简称混淆，所以将可编程控制器简称为 PLC。

1.1　PLC 的由来

在 20 世纪 60 年代，汽车生产流水线的自动控制系统基本上都是由继电器控制装置构成的，当时汽车的每一次改型都直接导致继电器控制装置的重新设计和安装。随着生产的发展，汽车型号更新的周期越来越短，这样就需要经常重新设计和安装继电器控制装置，十分费时、费工、费料，甚至阻碍了更新周期的缩短。为了改变这一状况，美国通用汽车公司在 1969 年公开招标，要求用新的控制装置取代继电器控制装置，并提出了如下十项招标指标：

（1）编程方便，现场可修改程序；

（2）维修方便，采用模块化结构；

（3）可靠性高于继电器控制装置；

（4）体积小于继电器控制装置；

（5）数据可直接送入管理计算机；

（6）成本可与继电器控制装置竞争；

（7）输入可以是交流 115 V；

（8）输出为交流 115 V，2 A 以上，能直接驱动电磁阀、接触器等；

（9）在扩展时，原系统只要很小变更；

（10）用户程序存储器容量至少能扩展到 4 KB。

1969 年，美国数字设备公司（Digital Equipment Corporation，DEC）研制出的第一台 PLC 在美国通用汽车自动装配线上试用，获得了成功。这种新型的工业控制装置以其简单易懂、操作方便、可靠性高、通用灵活、体积小、使用寿命长等一系列优点，很快在美国其他工业领域推广应用。到 1971 年，PLC 已经成功地应用于食品、饮料、冶金、造纸等行业。这一新型工业控制装置的出现，也受到了世界其他国家的高度重视。1971 年日本从美国引进了这项新技术，很快研制出了日本第一台 PLC。1973 年，西欧国家也研制出它们的第一台 PLC。我国从 1974 年开始研制 PLC，1977 年开始将其用于工业生产。

1.2　PLC 的定义

尽管 PLC 问世的时间不长但发展迅速，为了使其生产和发展标准化，美国电气制造商协会（National Electrical Manufactory Association，NEMA）通过四年的调查，于 1984 年首先将其正式命名为 PC（Programmable Controller），并给 PC 作了如下定义。PC 是一个数字式的电子装置，它使用了可编程序的记忆体储存指令，用来实现诸如逻辑、顺序、计时、计数与演算等功能，并通过数字或类似的输入 / 输出模块，以控制各种机械或工作程序。一部数字电子计算机若是从事执行 PC 的功能，那么会被视为 PC，但不包括鼓式或类似的机械式顺序控制器。

以后国际电工委员会（International Electrotechnical Commission，IEC）又先后颁布了 PLC 标准的草案第一稿、第二稿，并在 1987 年 2 月通过了对它的定义。可编程控制器是一种用数字运算操作的电子系统，专为在工业环境应用而设计，它采用一类可编程的存储器，用于存储程序、执行逻辑运算、顺序控制、定时、计数与算术操作等面向用户的指令，并通过数字或模拟式输入 / 输出控制各种类型的机械或生产过程。可编程控制器及其有关外部设备，都按易于与工业控制系统连成一个整体、易于扩充其功能的原则设计。

总之，可编程控制器是一台计算机。它是专为工业环境应用而设计制造的计算机，它具有丰富的输入 / 输出接口，并且具有较强的驱动能力，但可编程控制器产品并不针对某一具体工业应用，在实际应用时，其硬件需根据实际需要进行选用配置，其软件需根据控制要求进行设计编制。

1.3　PLC 的特点

1.3.1　PLC 的主要特点

1. 高可靠性

（1）所有的 I/O 接口电路均采用光电隔离，使工业现场的外电路与 PLC 内部电路之间在电气上隔离。

（2）各个输入端均采用 *RC* 滤波器，其滤波时间常数一般为 10~20 ms。

（3）各模块均采用屏蔽措施，以防止辐射干扰。

（4）采用性能优良的开关电源。

（5）对采用的器件进行严格的筛选。

（6）良好的自诊断功能，一旦电源或其他软、硬件发生异常情况，CPU 立即采用有效措施，以防止故障扩大。

（7）大型 PLC 还可以采用由双 CPU 构成冗余系统或由三 CPU 构成表决系统，使可靠性进一步提高。

2. 丰富的 I/O 接口模块

PLC 针对不同的工业现场信号（如交流或直流、开关量或模拟量、电压或电流、脉冲或电位强电或弱电等)，有相应的I/O模块与工业现场的器件或设备(如按钮、行程开关、接近开关、传感器及变送器、电磁线圈、控制阀)直接连接，另外为了提高操作性能，它还有多种人机对话的接口模块；为了组成工业局部网络，它还有多种通信联网的接口模块，等等。

3. 采用模块化结构

为了适应各种工业控制需要，除了单元式的小型PLC以外，绝大多数PLC均采用模块化结构，PLC的各个部件，包括CPU电源、I/O等均采用模块化设计，由机架及电缆将各模块连接起来，系统的规模和功能可根据用户的需要自行组合。

4. 编程简单易学

PLC的编程大多采用类似于继电器控制线路的梯形图形式，对使用者来说不需要具备计算机的专门知识，因此很容易被一般工程技术人员所理解和掌握。

5. 安装简单，维修方便

PLC不需要专门的机房，可以在各种工业环境下直接运行，现场的各种设备只需与PLC相应的I/O接口相连接，即可投入运行，各种模块上均有运行和故障指示装置，便于用户了解运行情况和查找故障。

由于采用模块化结构，因此一旦某模块发生故障，用户可以通过更换模块的方法，使系统迅速恢复运行。

1.3.2　PLC的功能

PLC具有如下功能。

(1)逻辑控制。

(2)定时控制。

(3)计数控制。

(4)步进(顺序)控制。

(5)PID控制。

(6)数据控制。(PLC具有数据处理能力)

(7)通信和联网。

(8)其他。

PLC还有许多特殊功能模块，适用于各种特殊的控制要求，如定位控制模块CRT。

1.4　PLC的发展阶段

虽然PLC问世时间不长，但是随着微处理器的出现，大规模、超大规模集成电路技术的迅速发展和数据通信技术的不断进步，PLC也迅速发展，其发展过程大致可分三个阶段。

1. 早期(20世纪60年代末—70年代中期)

早期的PLC一般称为可编程逻辑控制器，这时的PLC多少有点继电器控制装置替代物的含义，其主要功能只是执行原先由继电器完成的顺序控制、定时等。它在硬件上以准计算机的形式出现，在I/O接口电路上作了改进以适应工业控制现场的要求。装置中的器件主要采用分立元件和中小规模集成电路，存储器采用磁芯存储器，另外还采取了一些措施，以提高其抗干扰的能力。在软件编程上，采用广大电气工程技术人员所熟悉的继电器控制线路的方式——梯形图。因此，早期的 PLC 的性能要优于继电器控制装置。其优点包括简单易懂、便于安装、体积小、能耗低、有故障指使、能重复使用等。其中 PLC 特有的编程语言——梯形图一直沿用至今。

2. 中期（20 世纪 70 年代中期—80 年代中后期）

在 20 世纪 70 年代，微处理器的出现使 PLC 发生了巨大的变化，美国、日本、德国等一些厂家先后开始采用微处理器作为 PLC 的中央处理单元（CPU）。这样，使 PLC 的功能大大增强。在软件方面，除了保持其原有的逻辑运算、计时、计数等功能以外，还增加了算术运算、数据处理和传送、通信、自诊断等功能；在硬件方面，除了保持其原有的开关模块以外，还增加了模拟量模块、远程 I/O 模块、各种特殊功能模块，并扩大了存储器的容量，使各种逻辑线圈的数量增加，还提供了一定数量的数据寄存器，使 PLC 的应用范围得以扩大。

3. 近期（20 世纪 80 年代中后期至今）

进入 20 世纪 80 年代中后期，由于超大规模集成电路技术的迅速发展，微处理器的市场价格大幅度下跌，使得各种类型的 PLC 所采用的微处理器的档次普遍提高，而且，为了进一步提高 PLC 的处理速度，各制造厂商还纷纷研制开发了专用逻辑处理芯片，这样使得 PLC 软、硬件功能发生了巨大变化。

1.5 PLC 的分类

1. 小型 PLC

小型 PLC 的 I/O 点数一般在 128 点以下，其特点是体积小、结构紧凑，整个硬件融为一体，除了开关量 I/O 以外，还可以连接模拟量 I/O 以及其他各种特殊功能模块，它能执行包括逻辑运算、计时、计数、算术运算、数据处理和传送、通信联网以及各种应用指令。

2. 中型 PLC

中型 PLC 采用模块化结构，其 I/O 点数一般在 256~1 024 点，I/O 的处理方式除了采用一般 PLC 通用的扫描处理方式外，还能采用直接处理方式，即在扫描用户程序的过程中，直接读输入，刷新输出。它能连接各种特殊功能模块，通信联网功能更强，指令系统更丰富，内存容量更大，扫描速度更快。

3. 大型 PLC

一般 I/O 点数在 1 024 点以上的称为大型 PLC。大型 PLC 的软、硬件功能极强，具有极强的自诊断功能，通信联网功能强，有各种通信联网的模块，可以构成三级通信网，实现工厂生产管理自动化，大型 PLC 还可以采用三 CPU 构成表决式系统，使机器的可靠性更高。

1.6 PLC 的基本结构

PLC 实质是一种专用于工业控制的计算机，其硬件结构基本上与微型计算机相同，如图 1.1 所示。

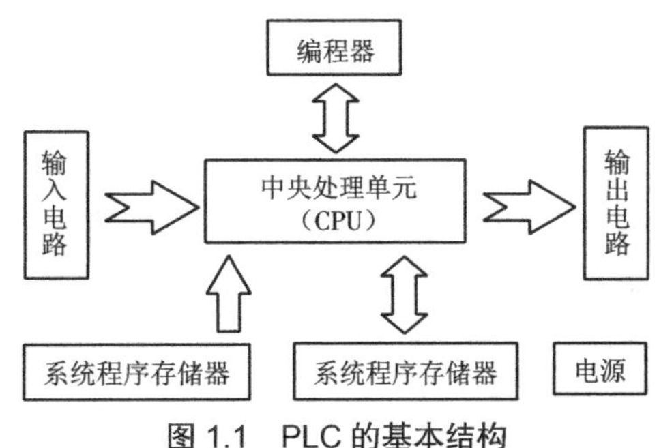

图 1.1 PLC 的基本结构

1.6.1 中央处理单元(CPU)

中央处理单元（CPU）是 PLC 的控制中枢，它按照 PLC 系统程序赋予的功能接收并存储从编程器输入的用户程序和数据，检查电源、存储器、I/O 以及警戒定时器的状态，并能诊断用户程序中的语法错误，当 PLC 投入运行时，首先它以扫描的方式，接收现场各输入装置的状态和数据，并分别存入 I/O 映象区，然后从用户程序存储器中逐条读取用户程序，经过命令解释后按指令的规定执行逻辑或算数运算的结果送入 I/O 映象区或数据寄存器内，等所有的用户程序执行完毕之后，最后将 I/O 映象区的各输出状态或输出寄存器内的数据传送到相应的输出装置。如此循环运行，直到停止运行。为了进一步提高 PLC 的可靠性，近年来对大型 PLC 还采用双 CPU 构成冗余系统或采用三 CPU 的表决式系统。这样，即使某个 CPU 出现故障，整个系统仍能正常运行。

1.6.2 存储器

存放系统软件的存储器称为系统程序存储器，存放应用软件的存储器称为用户程序存储器。

1.PLC 常用的存储器类型

1）RAM（Random Assess Memory）

这是一种读 / 写存储器（随机存储器），其存取速度最快，由锂电池供电。

2）EPROM（Erasable Programmable Read Only Memory）

这是一种可擦除的只读存储器，在断电情况下，存储器内的所有内容保持不变（在紫外线连续照射下可擦除存储器内容）。

3）EEPROM（Electrical Erasable Programmable Read Only Memory）

这是一种用电可擦除的只读存储器，使用编程器就能很容易地对其所存储的内容进行修改。

2.PLC 存储空间的分配

虽然各种 PLC 的 CPU 的最大寻址空间各不相同，但是根据 PLC 的工作原理，其存储空间一般包括系统程序存储区、系统 RAM 存储区（包括 I/O 映象区和系统软设备等）；用户程序存储区。

1）系统程序存储区

在系统程序存储区中存放着相当于计算机操作系统的系统程序，包括监控程序、管理程序、命令解释程序、功能子程序、系统诊断子程序等，由制造厂商将其固化在 EPROM 中，用户不能直接存取，它和硬件一起决定了该 PLC 的性能。

2）系统 RAM 存储区

系统 RAM 存储区包括 I/O 映象区以及各类软设备，如逻辑线圈、数据寄存器、计时器、计数器、变址寄存器、累加器、等存储器。

Ⅰ. I/O 映象区

由于 PLC 投入运行后，只是在输入采样阶段才依次读入各输入状态和数据，在输出刷新阶段才将输出的状态和数据送至相应的外设。因此，它需要一定数量的存储单元（RAM）以存放 I/O 的状态和数据，这些单元称作 I/O 映象区。一个开关量 I/O 占用存储单元中的一个位（bit），一个模拟量 I/O 占用存储单元中的一个字（16 bit）。因此，整个 I/O 映象区可看作由开关量 I/O 映象区和模拟量 I/O 映象区两个部分组成。

Ⅱ. 系统软设备存储区

除了 I/O 映象区以外，系统 RAM 存储区还包括 PLC 内部各类软设备（逻辑线圈、计时器、计数器、数据寄存器和累加器等）的存储区，该存储区又分为具有失电保持的存储区域和无失电保持的存储区域。前者在 PLC 断电时，由内部的锂电池供电，数据不会遗失，后者当 PLC 断电时，数据被清零。

逻辑线圈与开关输出一样，每个逻辑线圈占用系统 RAM 存储区中的一个位，但不能直接驱动外设，只供用户在编程中使用，其作用类似于电气控制线路中的继电器。另外，不同的 PLC 还提供数量不等的特殊逻辑线圈，具有不同的功能。

数据寄存器与模拟量 I/O 一样，每个数据寄存器占用系统 RAM 存储区中的一个字（16 bit）。另外 PLC 还提供数量不等的特殊数据寄存器，具有不同的功能。

3）用户程序存储区

用户程序存储区存放用户编制的用户程序，不同类型的 PLC 其存储容量各不相同。

1.6.3 电源

PLC 的电源在整个系统中起着十分重要的作用，如果没有一个良好的、可靠的电源，系统是无法正常工作的，因此 PLC 的制造商对电源的设计和制造也十分重视。一般交流电压波动在 +10%（+15%）范围内，可以不采取其他措施而将 PLC 直接连接到交流电网上去。

1.7 PLC 的工作原理

最初研制生产的 PLC 主要用于代替传统的由继电器、接触器构成的控制装置。PLC 的原理如图 1.2 所示。但这两者的运行方式是不同的。继电器控制装置采用硬逻辑并行运行的方式，即如果这个继电器的线圈通电或断电，该继电器所有的触点（包括其常开和常闭触点）在继电器控制线路的任何位置上都会立即同时动作，PLC 的 CPU 则采用顺序逻辑扫描用户程序的运行方式，即如果一个输出线圈或逻辑线圈被接通或断开，该线圈的所有触点（包括其常开和常闭触点）不会立即动作，必须等扫描到该触点时才会动作。

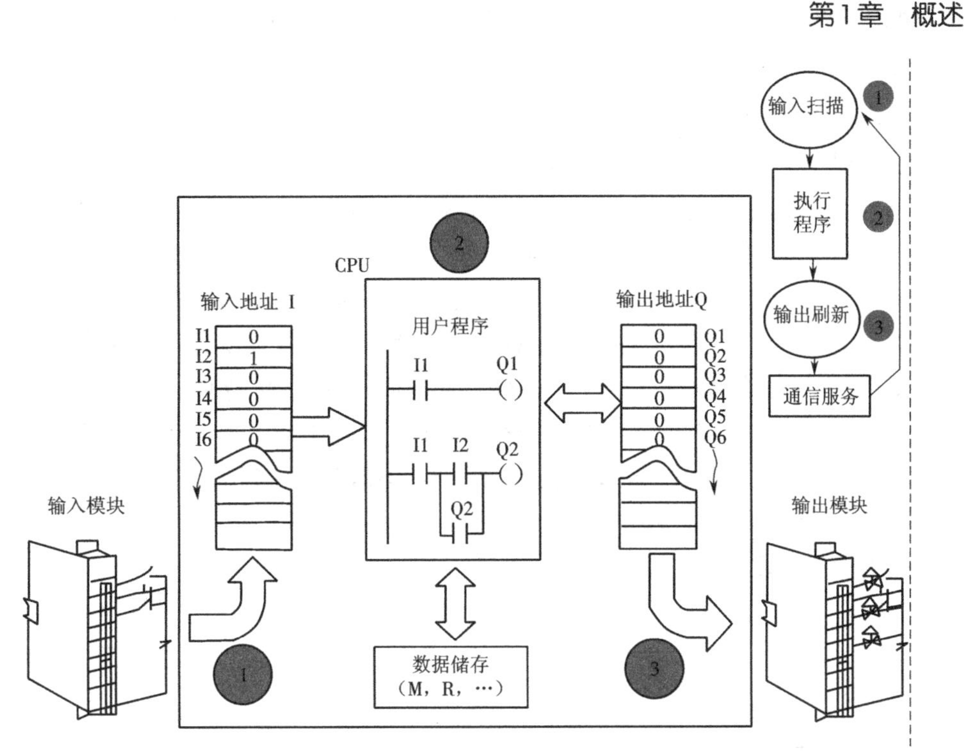

图 1.2 PLC 工作原理

为了消除二者之间由于运行方式不同而造成的差异，考虑到继电器控制装置各类触点的动作时间一般在 100 ms 以上，而 PLC 扫描用户程序的时间一般小于 100 ms，因此 PLC 采用了一种不同于一般微型计算机的运行方式——扫描技术。这样在对于 I/O 响应要求不高的场合 PLC 与继电器控制装置的处理结果就没有什么区别了。

1.7.1 扫描技术

当 PLC 投入运行后，其工作过程一般分为三个阶段，即输入采样、用户程序执行和输出刷新三个阶段，完成上述三个阶段称作一个扫描周期。在整个运行期间 PLC 的 CPU 以一定的扫描速度重复执行上述三个阶段。PLC 工作过程如图 1.3 所示。

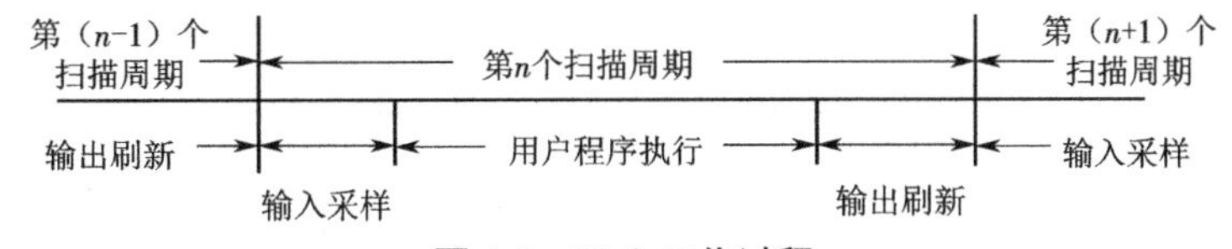

图 1.3 PLC 工作过程

1. 输入采样阶段

在输入采样阶段 PLC 以扫描方式依次读入所有输入状态和数据，并将它们存入 I/O 映象区中的相应单元内，输入采样结束后，转入用户程序执行和输出刷新阶段。在这两个阶段中，即使输入状态和数据发生变化，I/O 映象区中的相应单元的状态和数据也不会改变。因此，如果输入是脉冲信号，则该脉冲信号的宽度必须大于一个扫描周期，才能保证在任何情况下，该输入均能被读入。

2. 用户程序执行阶段

在用户程序执行阶段 PLC 总是按由上而下的顺序扫描用户程序（梯形图），在扫描每一条梯形图时，又总是按先左后右 先上后下的顺序对由触点构成的控制线路进行扫描和逻辑运算。然后根据逻辑运算的结果，刷新该逻辑线圈在系统 RAM 存储区中对应位的状态，或者刷新该输出线圈在 I/O 映象区中对应位的状态，或者确定是否要执行该梯形图所规定的特殊功能指令。即在用户程序执行过程中，只有输入点在 I/O 映象区内的状态和数据不会发生变化，而其他输出点和软设备在 I/O 映象区或系统 RAM 存储区内的状态和数据都有可能发生变化，而且排在上面的梯形图程序的执行结果会对排在其下面的凡是用到这些线圈或数据的梯形图起作用。相反，排在下面的梯形图，其被刷新的逻辑线圈的状态或数据只能到下一个扫描周期才能对排在其上面的程序起作用。

3. 输出刷新阶段

当扫描用户程序结束后， PLC 就进入输出刷新阶段，在此期间 CPU 按照 I/O 映象区内对应的状态和数据刷新所有的输出锁存电路，再经输出电路驱动相应的外设。这时，才是 PLC 的真正输出。

比较图 1.4 中两段程序的异同。

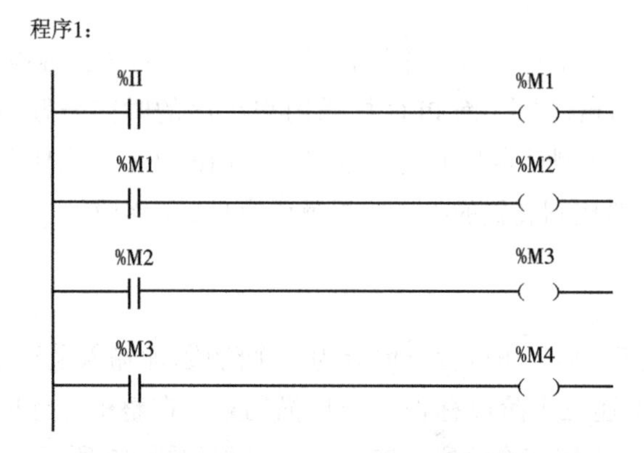

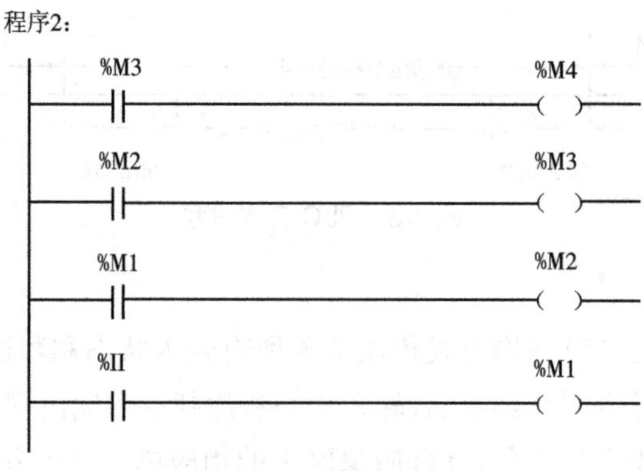

图 1.4 程序示例

这两段程序的结果完全一样，但在 PLC 中执行的过程却不一样。

程序 1 只需一个扫描周期，就可完成对 %M4 的刷新。

程序 2 需要四个扫描周期，才能完成对 %M4 的刷新。

这两个例子说明，同样的若干条梯形图，其排列次序不同，执行的结果也不同。另外，也可以看到，采用扫描用户程序方式的运行结果与继电器控制装置的硬逻辑并行运行方式的结果有所区别。当然，如果扫描周期所占用的时间对整个运行来说可以忽略，那么二者之间就没有什么区别了。

一般来说 PLC 的扫描周期包括自诊断、通信、输入采样、用户程序执行、输出刷新等过程。如图 1.5 所示。

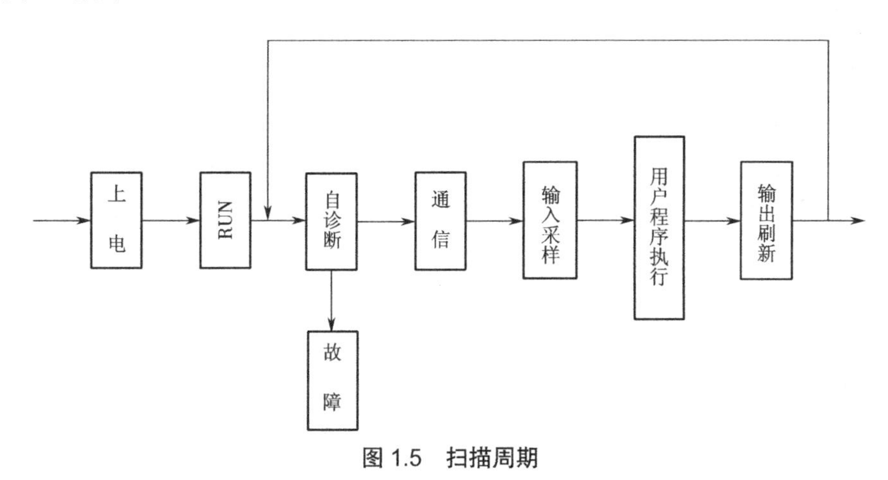

图 1.5 扫描周期

1.7.2 PLC 的 I/O 响应时间

为了增强 PLC 的抗干扰能力，提高其可靠性，PLC 的每个开关量输入端都采用光电隔离等技术。

为了能实现继电器控制线路的硬逻辑并行控制，PLC 采用了不同于一般微型计算机的运行方式（扫描技术）。

以上两个主要原因，使得 PLC 的 I/O 响应比一般微型计算机构成的工业控制系统慢得多，其响应时间至少等于一个扫描周期，一般均大于一个扫描周期甚至更长。

所谓 I/O 响应时间指从 PLC 的某一输入信号变化开始到系统有关输出端信号的改变所需的时间。其最短的 I/O 响应时间与最长的 I/O 响应时间如图 1.6 和图 1.7 所示。

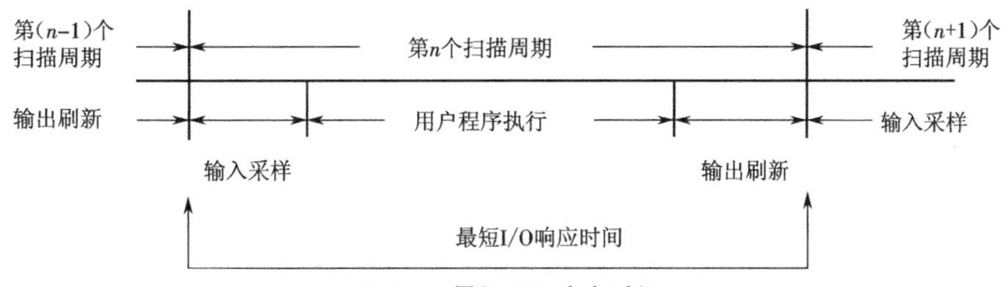

图 1.6 最短 I/O 响应时间

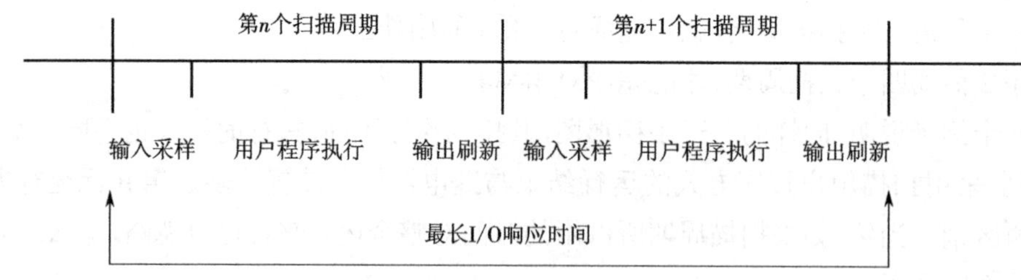

图 1.7　最长 I/O 响应时间

1.8　PLC 的 I/O 系统

PLC 的硬件结构主要分为单元式和模块式两种。前者将 PLC 的主要部分(包括 I/O 系统和电源等)全部安装在一个机箱内;后者将 PLC 的主要硬件部分分别制成模块,然后由用户根据需要将所选用的模块插入 PLC 机架上的槽内,构成一个 PLC 系统。

不论采取哪一种硬件结构,都必须确立用于连接工业现场的各个输入 / 输出点与 PLC 的 I/O 映象区之间的对应关系。即给每一个输入 / 输出点以明确的地址确立这种对应关系所采用的方式称为 I/O 寻址方式。

I/O 寻址方式有以下三种。

1)固定的 I/O 寻址方式

这种 I/O 寻址方式是由 PLC 制造厂家在设计、生产 PLC 时确定的,它的每一个输入 / 输出点都有一个明确的固定不变的地址。一般来说,单元式的 PLC 采用这种 I/O 寻址方式。

2)开关设定的 I/O 寻址方式

这种 I/O 寻址方式是由用户通过对机架和模块上的开关位置的设定来确定的。

3)用软件来设定的 I/O 寻址方式

这种 I/O 寻址方式是由用户通过软件编制 I/O 地址分配表来确定的。

第 2 章　PAC Systems 系列产品概况

2.1　GE Fanuc 产品概况

GE Fanuc 从事自动化产品的开发和生产已有数十年，其产品包括在全世界已有数十万套安装业绩的 PLC 系统，包括 90-30，90-70，VersaMax 系列等。近年来，GE Fanuc 在世界上率先推出 PAC 系统，作为新一代控制系统，PAC 系统以其无以伦比的性能和先进性引导着自动化产品的发展方向。

从紧凑经济的小型可编程逻辑控制器（PLC）到先进的可编程自动化控制器（Programmable Automatic Controller，PAC）和开放灵活的工业 PC，GE Fanuc 有各种各样现成的解决方案，满足确切的需求。这些灵活的自动化产品与单一的强大的软件组件集成在一起，该软件组件为所有的控制器、运动控制产品和操作员接口 / HMI 提供通用的工程开发环境，因此相关的知识和应用可无缝隙移植到新的控制系统上，可以从一个平台移植到另一个平台，并且一代一代地进行扩展。GE Fanuc 工控产品包括：PAC Systems RX7i 控制器、PAC Systems RX3i 控制器、90-70 系列 PLC、90-30 系列 PLC、VersaMax I/O 和控制器、VersaMax Micro 和 Nano 控制器、QuickPanel Control、Proficy Machine Edition。

GE Fanuc 工控产品结构如图 2.1 所示。

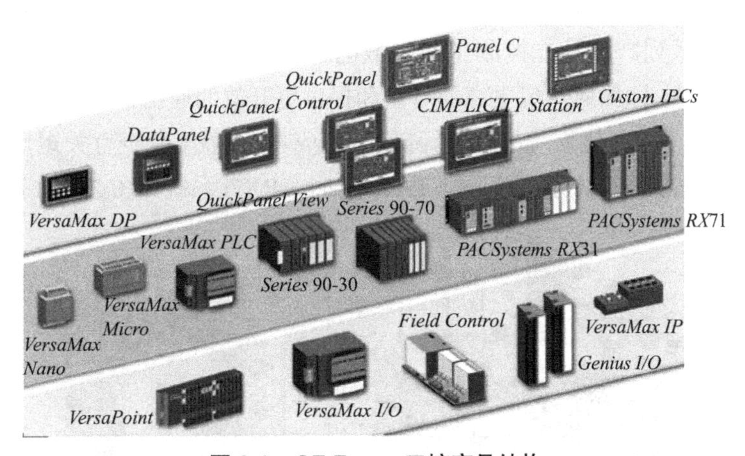

图 2.1　GE Fanuc 工控产品结构

2.2　PAC 和 PLC 概述

全新的 GE Fanuc PAC Systems 提供第一代可编程自动化控制系统，为多个硬件平台提供一个控制引擎和一个开发环境。

PAC Systems 比现有的 PLC 有着更强大的处理速度和通信速度以及编程的能力。它能应用到高速处理、数据存取和需大内存的应用中，如配方存储和数据登录。基于 VME 的 RX7i 和基于 PCI 的 RX3i 提供强大的 CPU 和高带宽背板总线，使得复杂编程能简便快速地执行。

PAC Systems 还为 90 系列 PLC 提供工业领先的移植平台，用于 90 系列 PLC 硬件和软件的移植。

PAC Systems 的特点如下：

（1）继 PLC、DCS 之后的新一代控制系统；

（2）克服了 PLC、DCS 长期过于封闭化、专业化导致其技术发展缓慢的缺点，PAC 突破了 PLC、DCS 与 PC 间不断扩大的技术差距的瓶颈；

（3）操作系统和控制功能独立于硬件；

（4）采用标准的嵌入式系统架构设计；

（5）开放式标准背板总线 VME/PCI；

（6）CPU 模块均为 PⅢ/PM 处理器；

（7）支持 FBD，可用于过程控制，尤其适用于混合型集散控制系统（Hybrid DCS）；

（8）编程语言符合 IEC1131。

PAC Systems 系列产品是在控制工业领域的革命，它们解决了业内一直存在的与工业和商业都有关的问题，即如何实现更高的产量和提供更开放的通信方式。这一灵活的技术帮助用户全面提升整个自动化系统的性能，降低工程成本、大幅度减少有关短期和长期的系统升级问题以及这一控制平台寿命的问题。

2.2.1 PAC Systems RX7i

PAC Systems 系列产品是在控制工业领域的革命，它们解决了业内一直存在的与工业和商业都有关的问题，即如何实现更高的产量和提供更开放的通信方式。这一灵活的技术帮助用户全面提升整个自动化系统的性能，降低工程成本、大幅度减少有关短期和长期的系统升级问题以及这一控制平台寿命的问题。PAC Systems RX7i 系统如图 2.2 所示。

图 2.2 PAC Systems RX7i 控制器

PAC Systems RX7i 控制器是 GE Fanuc 2003 年推出的高端产品。RX7i 系列为 90-70 系列的升级产品。作为 PAC 家族的一员，PAC Systems RX7i 提供更强大的功能、更大的内存和更高的带宽来实现从中档到高档的各种应用。同时，也提供其他 PAC Systems 平台的所有创新的功能。和其他 PAC Systems 一样 RX7i 有一个单一的控制引擎和通用的编程环境，它能创建一条无缝的移植路径，并且提供真正的集中控制选择。同时，它还适合从中档到高档的各种应用，其庞大的内存、高带宽和分布式 I/O 能满足各种重要系统的要求。

RX7i 系列采用 VME64 总线机架方式安装，兼容多种第三方模块。CPU 采用 Intel PⅢ 700 处理器，10 MB 内存，集成 2 个 10/100 MB 自适应以太网卡。主机架采用新型 17 槽 VME 机架。扩展机架、I/O 模块、Genius 网络仍然采用原 90-70 系列产品。从而使其在兼容以前产品的同时，性能得到了极大地提升。

2.2.2　PAC Systems RX3i

PAC Systems RX3i 控制器是创新的可编程自动化控制器 PAC Systems 家族中最新增加的部件。它是用于中、高端过程和离散控制应用的新一代控制器。如同家族中的其他产品一样，PAC Systems RX3i 的特点是具有单一的控制引擎和通用的编程环境，提供应用程序在多种硬件平台上的可移植性和真正的各种控制选择的交叉渗透。PAC Systems RX3i 使用与 PAC Systems RX7i 相同的控制引擎，在一个紧凑的、节省成本的组件包中提供了高级的自动化功能。PAC Systems 具有移植性的控制引擎在几种不同的平台上都有卓越的表现，使得初始设备制造商和最终用户在应用程序变异的情况下，能选择最适合他们需要的控制系统硬件。PAC System RX3i 系统结构如图 2.3 所示。

图 2.3　PAC Systems RX3i 控制器

PAC Systems RX3i 能统一过程控制系统，通过这个可编程自动化控制器解决方案，可以更灵活、更开放地升级或者转换系统。PAC Systems RX3i 价格并不昂贵、易于集成，为多平台的应用提供空前的自由度。在 Proficy Machine Edition 的开发软件环境中，它单一的控制引擎和通用的编程环境能在整体上提升自动化水平。

PAC Systems RX3i 控制器在一个小型的、低成本的系统中提供了高级功能，它具有下列优点：

（1）把一个新型的高速底板（PCI-27MHz）结合到现成的 90-30 系列串行总线上；

（2）具有 Intel 300 MHz CPU（与 RX7i 相同）；

（3）消除信息的瓶颈现象，获得快速通过量；

（4）支持新的 RX3i 和 90-30 系列输入输出模块；

（5）大容量的电源，支持多个装置的额外功率或多余要求；

（6）使用与 RX7i 模块相同的引擎，容易实现程序的移植；

（7）RX3i 还使用户能够更灵活地配置输入、输出；

（8）具有新增加的、快速的输入、输出；

（9）具有大容量接线端子板——32 点离散输入、输出。

2.2.3 90-70 系列 PLC

90-70 系列已经成为复杂应用的工业标准，这些应用往往要求系统带大量 I/O 和大量处理内存。90-70 系列基于 VME 总线的开放式背板可以适用于几百个基于 VME 总线的多功能模块，它们的应用往往涉及显示、高度专业化的运动控制或者光纤网络。可以进一步自定义系统结构，附加各种可用的 I/O 和特殊模块以及许多独立或分布式运动控制系统，如图 2.4 所示。

图 2.4 90-70 系列

1. 90-70 系列 PLC 的类型

90-70 系列 PLC 根据 CPU 的种类来划分，其大部分模块适用于全系列的 PLC 产品。

90-70 系列 PLC 的 CPU 类型如下：

（1）CPU731、CPU732；

（2）CPX772、CPX782、CPX935；

（3）CPU780；

（4）CPU788；

（5）CPU789、CPU790；

（6）CPU915、CPU925；

（7）CSE784、CSE925。

90-70 系列 PLC 的 CPU 技术参数见表 2.1。

表 2.1　90-70 系列 PLC 的 CPU 技术参数

CPI 型号	CPU（MHz）	CPU（处理器）	I/O 点数（个）	AI/AO 点数（个）	用户内存	浮点运算	备注
CPU731/732	8	80C186	512	8 K	32 KB	无 / 有	—
CPU771/772	12	80C186	2 048	8 K	64/512 KB	无 / 有	—
CPU780	16	80386DX	12 K	8 K	可选	有	热备冗余
CPU788	16	80386DX	352	8 K	206 K	无	三冗余
CPU789	16	80386DX	12 K	8 K	206 KB	无	三冗余
CPU790	64	80486DX2	12 K	8 K	206 KB	无	三冗余
CPU915/925	32/64	80486DX/DX2	12 K	8 K	1 MB	有	热备冗余
CSE784	16	80386	12 K	8 K	512 KB	有	State Logic
CSE925	64	80486DX2	12 K	8 K	1 MB	有	State Logic
CPX935	96	80486DX4	12 K	8 K	1 MB，4 MB	有	热备冗余

2. 智能模块

智能模块如下：

（1）电源模块；

（2）GENIUS 模块；

（3）高数计数模块；

（4）以太网模块；

（5）PROFIBUS 模块 VME 模块；

（6）通信协处理器模块；

（7）可编程协处理器模块。

3. 90-70 系列 PLC 的扩展（需扩展模块）

90-70 系列 PLC 的机架不分本地机架和扩展机架，其区分依赖机架上所插的模块。（插 BTM 的是主机架，插 BRM 的是扩展机架）

90-70 系列 PLC 的扩展如图 2.5 所示。

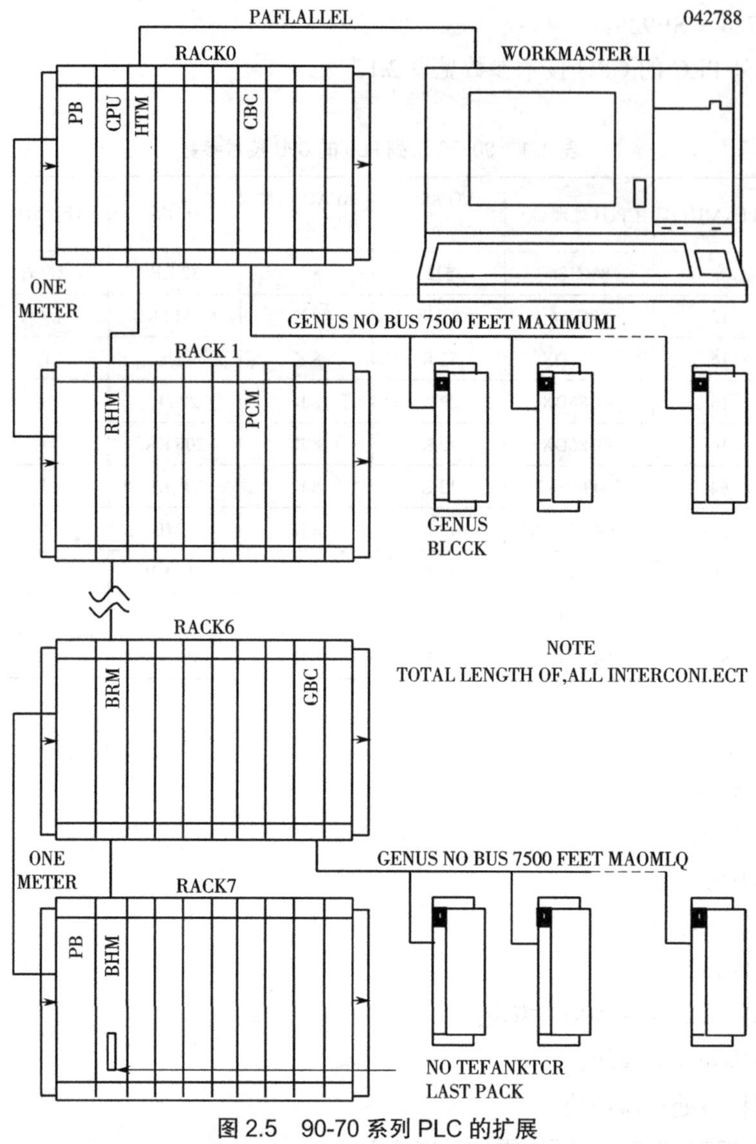

图 2.5　90-70 系列 PLC 的扩展

4. 网络通信

90-70 系列 PLC 支持的网络类型如下：

（1）RS-485 串行网络；

（2）Genius 网络；

（3）Profibus 网络；

（4）以太网；

（5）其他现场工业总线。

因 90-70 系列 PLC 所采用的是开放的 VME 总线，而在全世界共有 100 多家厂家生产各种各样 VME 的模块，而这些模块都可用在 90-70 系列的系统上，这样一来就大大丰富了 90-70 系列 PLC 的模块种类，扩展了 90-70 系列 PLC 的应用范围，使其有更广泛的应用。

2.2.4　90–30 系列 PLC

90-30 系列 PLC 拥有模块化设计、超过 100 个 I/O 模块和多种 CPU 选项，能满足特殊性能要求的多功能系统设置，网络和通信能力使其能在一个非专有网络上进行数据传输、上传下载程序和执行诊断。集成在 90-30 系列 PLC 中的运动控制系统适用于高性能点到点应用，并且支持大量的电机类型和系统结构。如图 2.6 所示。

图 2.6　90-30 系列 PLC

1. 90–30 系列 PLC 的类型

90-30 系列 PLC 根据 CPU 的种类来划分类型，其 I/O 模块支持全系列的 CPU 模型，而有些智能模块只支持高档 CPU 模块。

90-30 系列 PLC 的 CPU 类型如下：

（1）CPU311、CPU313、CPU323；

（2）CPU331；

（3）CPU340、CPU341；

（4）CPU350、CPU351、CPU352；

（5）CPU360、CPU363、CPU364。

90-30 系列 PLC 的 CPU 技术参数见表 2.2。

表 2.2　90–30 系列 PLC 的 CPU 技术参数

CPU 型号	CPU311	CPU313 CPU323	CPU331	CPU340 CPU341	CPU351 CPU352
I/O 点数（个）	80/160	160/320	1 024	1 024	4 096
AI/AO 点数（个）	64/32	64/32	128/64	1 024/256	2 048/256
寄存器（字）	512	1 024	2 048	9 999	9 999
用户逻辑内存（KB）	6	6	16	32/80	80
程序运行速度（ms/KB）	18	0.6	0.4	0.3	0.22
内部线圈（个）	1 024	1 024	1 024	1 024	4 096
计时 / 计数器（个）	170	340	680	>2 000	>2 000

续表

CPU 型号	CPU311	CPU313 CPU323	CPU331	CPU340 CPU341	CPU351 CPU352
高速计数器	有	有	有	有	有
轴定位模块	有	有	有	有	有
可编程协处理器模块	没有	没有	有	有	有
浮点运算	无	无	无	无	无/有
超控	没有	没有	有	有	有
后备电池时钟	没有	没有	有	有	有
口令	有	有	有	有	有
中断	没有	没有	没有	有	有
诊断	I/O、CPU	I/O、CPU	I/O、CPU	I/O、CPU	I/O、CPU

3. I/O 模块

几乎所有的I/O 模块都可用在全系列的 90-30 系列 PLC 上。

4. 智能模块

智能类型如下:

(1)电源模块;

(2)GENIUS 模块;

(3)高数计数模块;

(4)以太网模块;

(5)Profibus 模块;

(6)通信协处理器模块;

(7)可编程协处理器模块。

5.90-30 系列 PLC 的扩展

无须特殊模块,因为底板上带有扩展口。

90-30 系列 PLC 的扩展

1)本地扩展

本地扩展如图 2.7 所示。

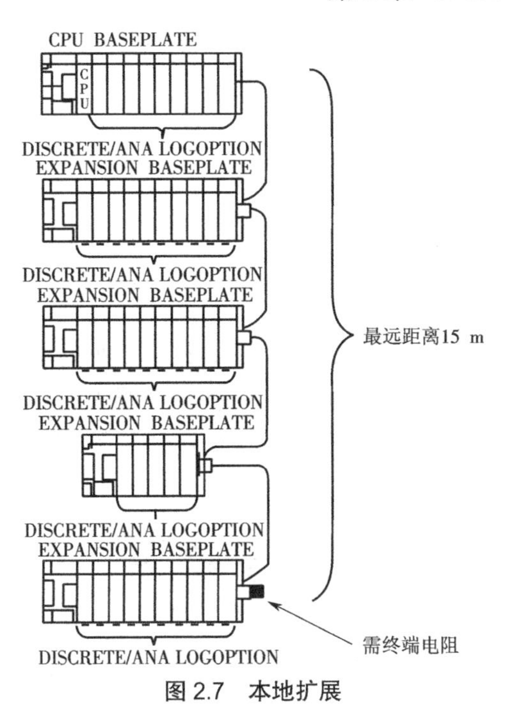

图 2.7　本地扩展

2）远程扩展

远程扩展如图 2.8 所示。

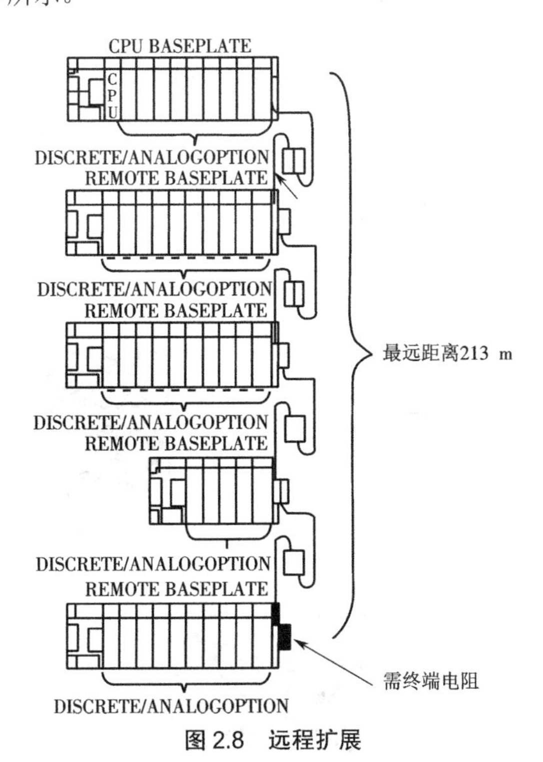

图 2.8　远程扩展

6. 网络通信

90-30 系列 PLC 支持的网络类型如下：

（1）RS-485 串行网络；

（2）Genius 网络；

（3）Profibus 网络；

（4）以太网；

（5）其他现场工业总线。

2.2.5 VersaMax PLC

VersaMax PLC 是模块化可伸缩的结构，使其在一个小的结构中提供大的 PLC 功能。VersaMax PLC 是创新控制器家族中的一员，它把一个强大的 CPU 与广泛的离散量、模拟量、混合和特殊的 I/O 模块、端子、电源模块以及连接到各个网络的通信模块组合在一起，如图 2.9 所示。

图 2.9 VersaMax PLC

2.2.6 VersaMax Nano 和 Micro PLC

VersaMax Nano 和 Micro PLC 只有手掌大小，但是它功能强大并且经济。它提供集成的一体化结构节省面板空间。可以将其安装在一个 DIN 导轨或者一个面板上，处理简单的应用时能提供快速的解决方案。

VersaMax Nano

VersaMax Micro

64 点 VersaMax Micro

图 2.10 VersaMax Nano 和 Micro PLC

1. Micro PLC 的类型

Micro PLC 的类型如下：

（1）14 点 Micro PLC；

（2）28 点 Micro PLC；

（3）23 点 Micro PLC，带 2 AI/1 AO；

（4）14 点扩展 Micro PLC。

2. 技术参数

（1）CPU 技术参数见表 2.3。

表 2.3　CPU 技术参数

PLC 类型	14 点 Micro PLC	28 点 Micro PLC
程序执行时间（ms/KB）	1.8	1.0
标准功能块执行时间（μs）	48	29
内存容量（KB）	3	6
内存类型	RAM、Flash、EEPROM	
数据寄存器	256	2 048
内部线圈（个）	1 024	1 024
计时 / 计数器（个）	80	600
编程语言	梯形图	梯形图
串行口	1 个口 RS422：SNP、RTU	2 个口 RS422：SNP、PTU

（2）I/O 技术参数见表 2.4。

表 2.4　I/O 技术参数

	电源	输入点数（个）	输入类型	输出点数（个）	输出类型
IC693UDR001	AC85~265 V	8 DI	DC24 V	6	继电器
IC693UDR002	DC10~30 V	8 DI	DC24 V	6	继电器
IC693UDR003	AC85~265 V	8 DI	AC85~132 V	6	AC85~265 V
IC693UDR005	AC85~265 V	16 DI	DC24 V	11 1	继电器 DC24 V
IC693UAL006	AC85~265 V	13 DI 2 AI	DC24 V Analog	9 1 1 AQ	继电器 DC24 V Analog
IC693UAA007	AC85~265 V	16 DI	AC85~132 V	12	AC85~265 V
IC693UDR010	DC24 V	16 DI	DC24 V	11 1	继电器 DC24 V
IC693UEX011	AC85~265 V	8 DI	DC24 V	6	继电器

3. Micro PLC 的特点

Micro PLC 的特点如下：

(1)两个外置可调电位器设置其他 I/O 的门限值；

(2)软件组态功能无 DIP 开关；

(3)直流输入可组态成 5 kHz 的高数计数器；

(4)直流输出可组态成 PWM 脉宽调制 19 Hz ~2 kHz 信号；

(5)28 点 /23 点 Micro PLC 支持实时时钟；

(6)14 点的扩展模块最多可扩展到 84 点、28 点 Micro PLC 和 79 点、23 点 Micro PLC；

(7)23 点 Micro PLC 提供 2 路模拟量输入和 1 路模拟量输出；

(8)内置 RS-422 通信口支持 SNP 主从协议 RTU 从站协议；

(9)28/23 点 Micro PLC 支持 ASCII 输出。

2.3 GE Fanuc PLC 的选用

2.3.1 PAC Systems RX3i 控制器特性

同 PAC Systems 家族的其他成员一样，PAC Systems RX3i 控制器拥有一个单一的控制引擎和一个通用的编程环境，它能方便地应用在多种硬件平台上，并且提供真正的集中控制选择。

(1)拥有 300 MHz Intel 微处理器和 10 MB 用户内存的高性能控制器，无须多个控制器，使控制更加简单。

(2)广泛的 I/O 模块选择(已推出 40 多种)适合从简单到复杂的应用；此外，系统还提供多种网络接口模块。

(3)通用的 PCI 总线背板，背板高速 PCI 总线频率为 27 MHz，使得复杂 I/O 的数据吞吐率更大，简单 I/O 的串行总线读写更快，优化了系统的性能和投资。背板总线支持带电插拔功能，减少系统停机时间。

PAC Systems 便携控制引擎在不同的平台上都能提供出色的性能，使 OEM 和最终用户都能从众多的应用选择方案中找到最适合需求的控制系统硬件，所有需求都在一个单一、紧凑而且高度集成的组件中。

在本书的自动仓储实验中，采用实验室配置的 RX3i Demo 演示箱，如图 2.11 所示。

PAC Systems RX3i 控制器外围产品如图 2.12 所示。

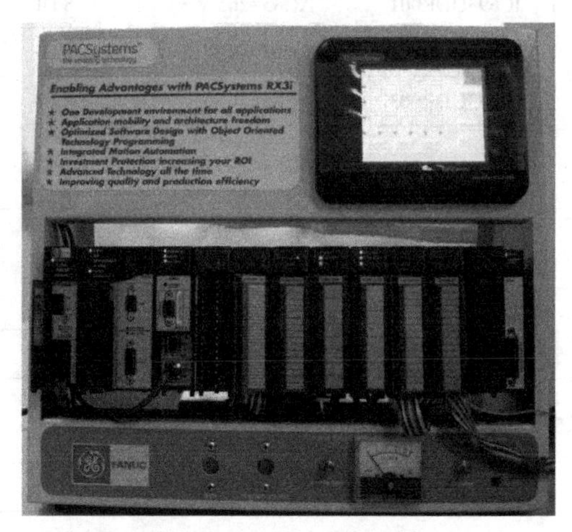

图 2.11　Demo 演示箱

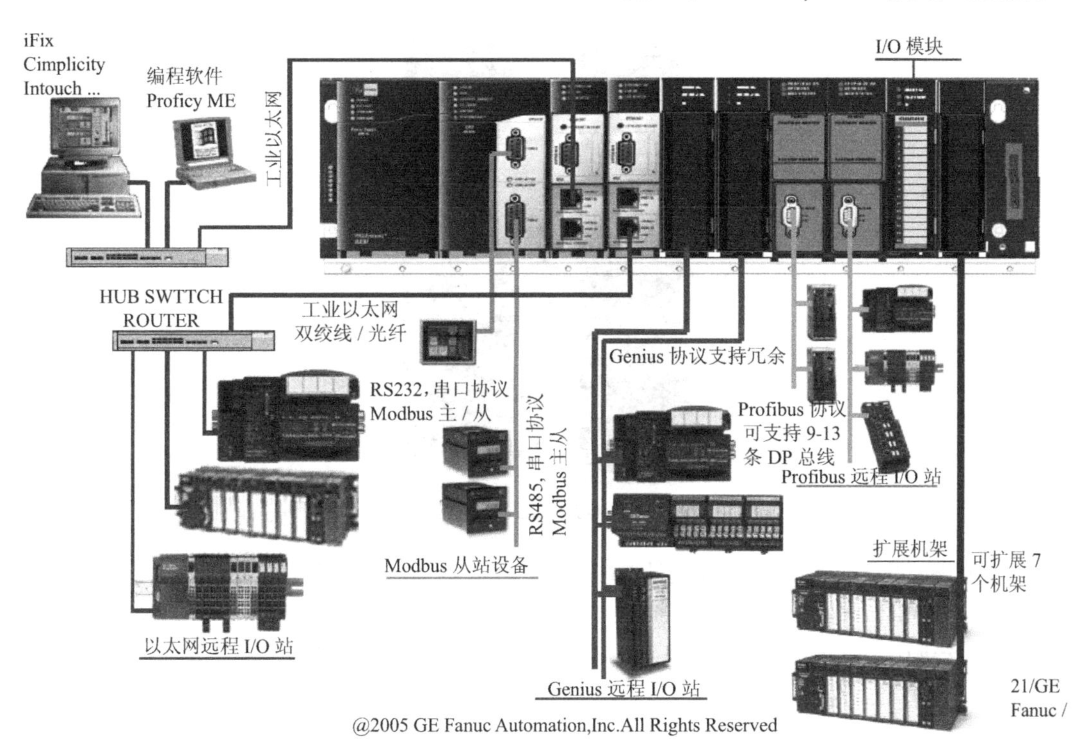

图 2.12　PAC Systems RX3i 控制器外围产品

2.3.2　IC695PSD040 电源模块

RX3i 控制器的电源模块像 I/O 一样简单地插在背板上，并且能与任何标准型号 PAC Systems RX3i 控制器的 CPU 协同工作。每个电源模块具有自动电压适应功能，无须跳线选择不同的输入电压。电源模块具有限流功能，发生短路时，电源模块会自动关断来避免硬件损坏。PAC Systems RX3i 控制器的电源模块与 CPU 性能紧密结合能实现单机控制、失败安全和容错。其他的性能和安全特性还包括先进的诊断机制和内置智能开关熔丝。

Demo 演示箱配置的电源为 IC695PSD040 模块，如图 2.13 所示。该电源不能与其他 PAC Systems RX3i 控制器的的电源一起用于电源冗余模式或增加容量模式。它占用一个插槽。如果要求的模块数量超过了电源的负载能力，额外的模块就必须安装在扩展或者远程背板上。

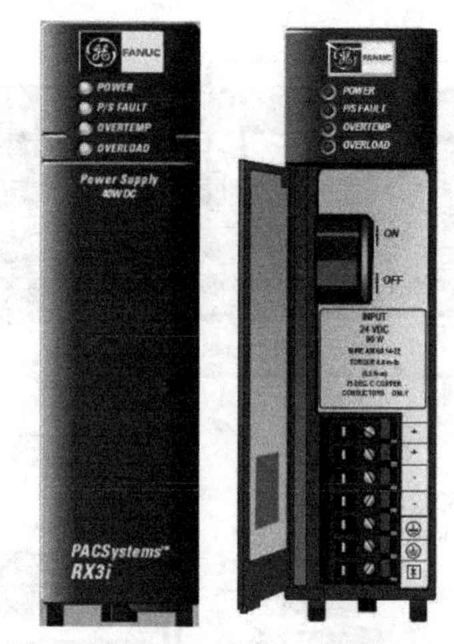

图 2.13　IC695PSD040 电源模块

IC695PSD040 电源的输入电压是 DC18~39 V，提供 40 W 的输出功率。

当电源模块发生内部故障时将会有指示，CPU 可以检测到电源丢失或记录相应的错误代码。电源模块上的四个 LED 的简要说明如下。

1）电源（绿色 / 琥珀黄）

当 LED 为绿色时，意味着电源模块在给背板供电；当 LED 为琥珀黄时，意味着电源已加到电源模块上，但是电源模块上的开关是关着的。

2）P/S 故障（红色）

当 LED 亮起时，意味着电源模块存在故障并且不能提供足够的电压给背板。

3）温度过高（琥珀黄）

当 LED 亮起时，意味着电源模块接近或者超过了最高工作温度。

4）过载（琥珀黄）

当 LED 亮起时，意味着电源模块至少有一个输出接近或者超过最大输出功率。

2.3.3　IC695CPU310 CPU 模块

高性能的 CPU 是基于最新技术的具有高速运算和高速数据吞吐的处理器，控制器在多种标准的编程语言下能处理高达 32K 的 I/O。这个强大的 CPU 依靠 300 MHz 的处理器和 10 MB 的用户内存能轻松地完成各种复杂的应用。RX3i 支持多种 IEC 语言和 C 语言，使用户编程更加灵活。RX3i 广泛的诊断机制和带电插拔能力增加了机器周期运行时间，减少停机时间，用户能存储大量的数据，减少外围硬件花费。

RX3i Demo 演示箱中配置的 CPU 模块为 IC695CPU310 模块，如图 2.14 所示。

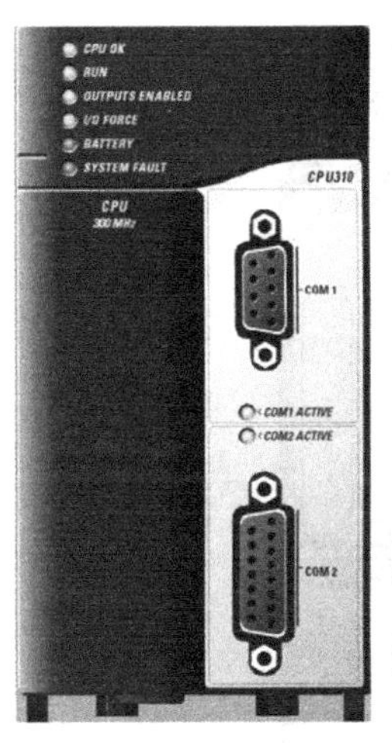

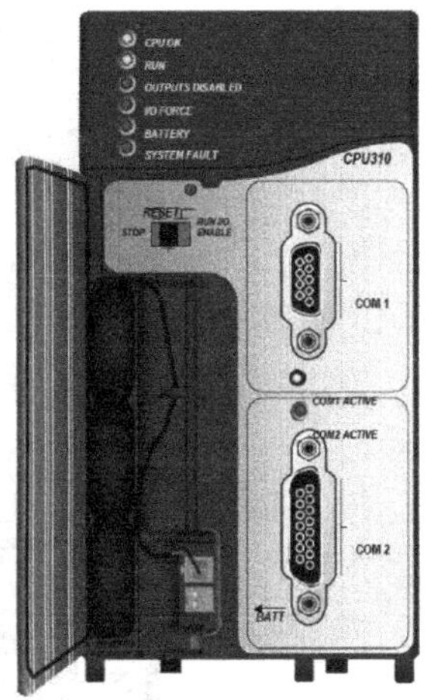

图 2.14　IC695CPU310 CPU 模块

RX3i CPU 有一个 300 MHz 处理器，支持 32K 数字输入，32K 数字输出、32K 模拟输入、32K 模拟输出；有最大达 5 MB 的数据存储；有 10 MB 全部可配置的用户存储器，这意味着其能够在 CPU 中存储所有的机器文件。

CPU 能够支持如下多种语言：

（1）继电器梯形图语言；

（2）指令表语言；

（3）C 编程语言；

（4）功能块图；

（5）Open Process；

（6）用户定义的功能块；

（7）结构化文本；

（8）SFC；

（9）符号编程。

RX3i CPU 有两个串行端子，即一个 RS-232 端口和一个 RS-485 端口，它们支持无中断的 SNP 从、串行读 / 写和 Modbus 协议；具有一个三挡位置的转换开关，即运行、禁止、停止；还有一个内置的热敏传感器。

2.3.4　IC695ETM001 以太网通信模块

RX3i Demo 演示箱中配置的以太网通信模块为 IC695ETM001 模块（图 2.15），用来连接 PAC Systems RX3i 控制器至以太网，如图 2.15 所示。RX3i 控制器通过它能够与其他 PAC 系统和 90 系列、VersaMax 控制器进行通信。以太网接口模块提供与其他 PLC、运行主机通信工具包或编程器软件的主机及运行 TCP/IP 版本编程软件的计算机的连接。这些通信是在一个 4 层 TCP/IP 栈上使用 GE Fanuc SRTP 和 EGD 协议进行的。

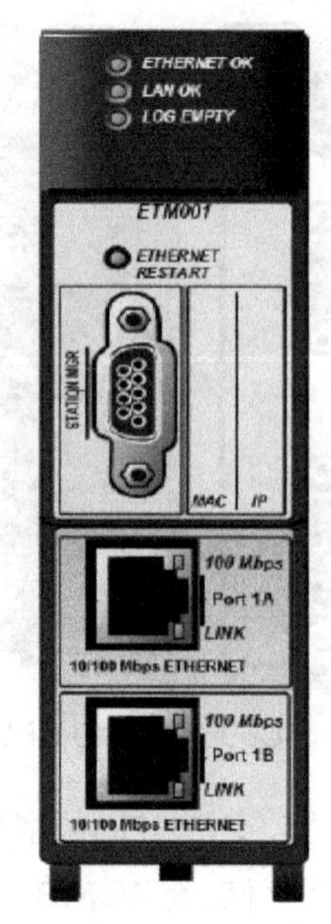

图 2.15　IC695ETM001 以太网通信模块

以太网接口模块有两个自适应的 10Base T/100Base TX RJ-45 屏蔽双绞线以太网端口，用来连接 10BaseT 或者 100BaseTX IEEE 802.3 网络中的任意一个。这个接口能够自动检测速度，双工模式（半双工或全双工）和与之连接的电缆（直行或者交叉），而不需要外界的干涉。

以太网模块上有七个指示灯，简要说明如下。

1）Ethernet OK 指示灯

Ethernet OK 指示灯指示该模块是否能执行正常工作。该指示灯处于亮状态表明设备处于正常工作状态，如果指示灯处于闪烁状态，则代表设备处于其他状态。假如设备硬件或者是运行时有错误发生，Ethernet OK 指示灯闪烁次数表示两位错误代码。

2）LAN OK 指示灯

LAN OK 指示灯指示是否连接以太网络。该指示灯处于闪烁状态表明以太网接口正在直接从以太网接收数据或发送数据。如果指示灯一直处于亮的状态，这时以太网接口正在激活访问以太网，以太网物理接口处于可运行状态，并且一个或者两个以太网端口都处于工作状态。其他情况指示灯均为熄灭状态，除非正在进行软件下载。

3）Log Empty 指示灯

Log Empty 指示灯在正常运行状态下呈亮的状态，如果有事件被记录，指示灯呈“熄灭”状态。

4）两个以太网激活指示灯（LINK）

两个以太网激活指示灯（LINK）指示网络连接状况和激活状态。

5）两个以太网速度指示灯（100 Mbps）

两个以太网速度指示灯（100 Mbps）指示网络数据传输速度（10 Mbps（熄灭）或者 100

Mbps（亮））。

2.3.5　IC694ACC300 输入模拟器模块

IC694ACC300 输入模拟器模块如图 2.16 所示。

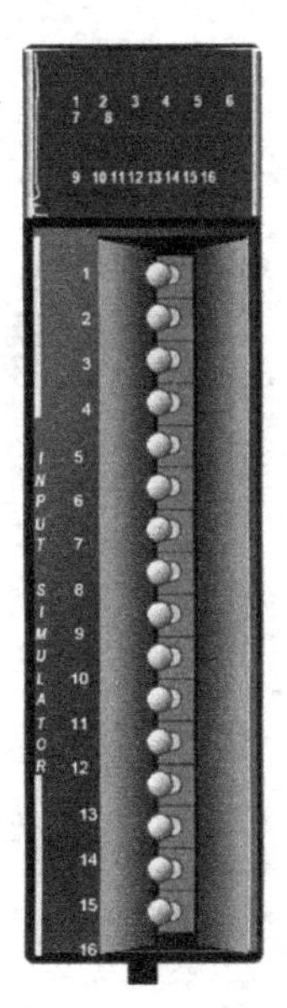

图 2.16　IC694ACC300 输入模拟器模块

IC694ACC300 输入模拟器模块，可以用来模拟 8 点或 16 点的开关量输入模块的操作状态。输入模拟器模块可以用来代替实际的输入，直到程序或系统调试好。它也可以永久地安装到系统用于提供 8 点或 16 点条件输入接点以人工控制输出设备。在模拟输入模块安装之前，在模块的背后有一开关可以用来设置模拟输入点数是 8 点还是 16 点。当开关设置为 8 个输入点时，只有模拟输入模块前面的上面 8 个拨动开关可以使用；当开关设置为 16 个输入点时，模拟输入模块前面的 16 个拨动开关均可以使用。

在数字量输入模块前面的拨动开关可以模拟开关量输入设备的运行，开关处于“ON”位置时使输入状态表（%I）中产生一个逻辑 1。

单独的绿色发光二极管表明每个开关所处的 ON/OFF 位置。这个模块可以安装到 RX3i 系统的任何 I/O 槽中。

IC694ACC300 技术参数如下。

（1）每个模块的输入点数：8 或 16（开关选择）。

（2）OFF 响应时间：20 ms（最大）。

（3）ON 响应时间：30 ms（最大）。

（4）内部功耗：120 mA（所有输入开关在“ON”位置，由背板上 5 V 电压纵向提供）。

2.3.6　IC694MDL645 数字输入模块

IC694MDL645 数字量输入模块，提供一组共用一个公共端的 16 个输入点，如图 2.17

所示。该模块既可以接成共阴回路又可以接成共阳回路,这样在硬件接线时就非常灵巧方便了。IC694MDL645 数字输入模块的相关参数见表 2.5。

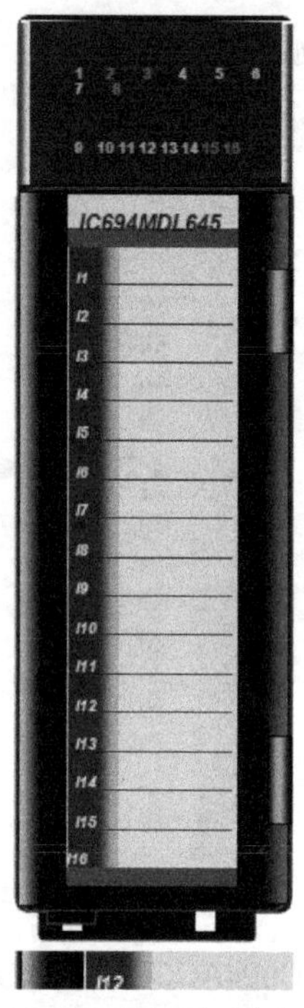

图 2.17　IC694MDL645 数字输入模块

表 2.5　IC694MD645 数字输入模块相关参数

参量	指标
额定电压	DC 24 V
输入电压范围	DC 0~30 V
每个模块的输入点数(个)	16(共用一个公共端)
输入电流	7 mA(在额定电压下)
ON 状态电压	DC 11.5~30 V
OFF 状态电压	DC 0~5 V
ON 状态电流	3.2 mA(最小值)
OFF 状态电流	1.1 mA(最大值)
ON 响应电流	7 ms(典型)
OFF 响应电流	7 ms(典型)
功耗:5 V	80 mA(由背板 5 V 总线提供)
功耗:24 V	125 mA(由隔离的 24 V 背板总线提供或由用户提供电源)

输入特性兼容宽范围的输入设备,例如按钮、限位开关、电子接近开关。电流输入到一个输入点会在输入状态表(%I)中产生一个逻辑 1 。现场设备可由外部电源供电。

在模块上方配置 16 个绿色的发光二极管指示着输入 1 ~16 的开 / 关状态。标签上的蓝条表明 IC694MDL645 是低电压模块。这个模块可以安装到 RX3i 系统的任何 I/O 槽中。

在本系统中，用该模块采集仓储系统中传感器及按钮等信号，IC694MDL645 现场接线如图 2.18 所示。

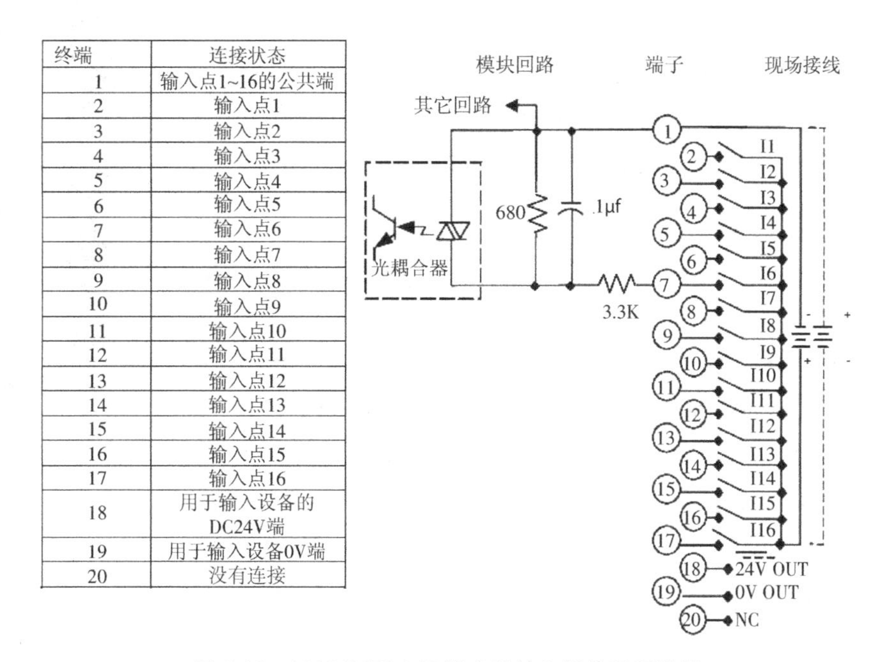

终端	连接状态
1	输入点1~16的公共端
2	输入点1
3	输入点2
4	输入点3
5	输入点4
6	输入点5
7	输入点6
8	输入点7
9	输入点8
10	输入点9
11	输入点10
12	输入点11
13	输入点12
14	输入点13
15	输入点14
16	输入点15
17	输入点16
18	用于输入设备的DC24V端
19	用于输入设备0V端
20	没有连接

图 2.18 IC694MDL645 数字量输入模块现场接线

2.3.7 IC694MDL754 数字输出模块

IC694MDL754 数字输出模块，提供两组（每组 16 个）共 32 个输出点，如图 2.19 所示。每组有一个共用的电源输出端。这种输出模块具有正逻辑特性，它向负载提供的源电流来自用户共用端或者到正电源总线。输出装置连接在负电源总线和输出点之间。这种模块的输出特性是可兼容很广的负载，例如电机、接触器、继电器、BCD 显示和指示灯。用户必须提供现场操作装置的电源。每个输出端用标有序号的发光二极管显示其工作状态（ON/OFF）。这个模块上没有熔断器。

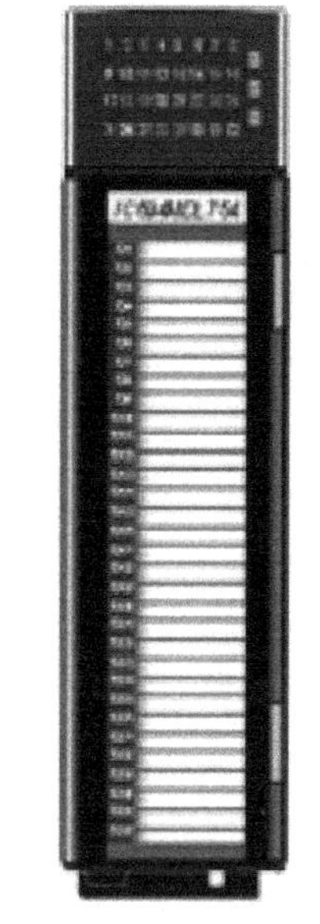

图 2.19 IC694MDL754 数字输出模块

标签上蓝条表示 IC694MDL754 是低电压模块。这种模块可以安装到 RX3i 系统中的任何 I/O 插槽。

2.3.8 IC695ALG600 模拟输入模块

IC695ALG600 模拟输入模块里八通道通用模拟量输入模块，能提供前所未有的灵活性，并且为用户节省开支，如图 2.20 所示。模拟量输入模块使用户能在每个通道的基础上配置电压、热电偶、电流、RTD 和电阻输入。有 30 多种类型的设备可以在每个通道的基础上进行配置。除了能提供灵活的配置，通用模拟量输入模块提供广泛的诊断机制，如断路、变化率、高、高 / 高、低、低 / 低、未到量程和超过量程的各种报警。每种报警都会产生对控制器的中断。

通用模拟量模块 IC695ALG600 提供的八个通用的模拟量输入通道和两个冷端温度补偿（CJC）通道，输入端分成两个相同的组，每组有四个通道。通过使用 Machine Edition 的软件，可以独立配置通道，具体如下。

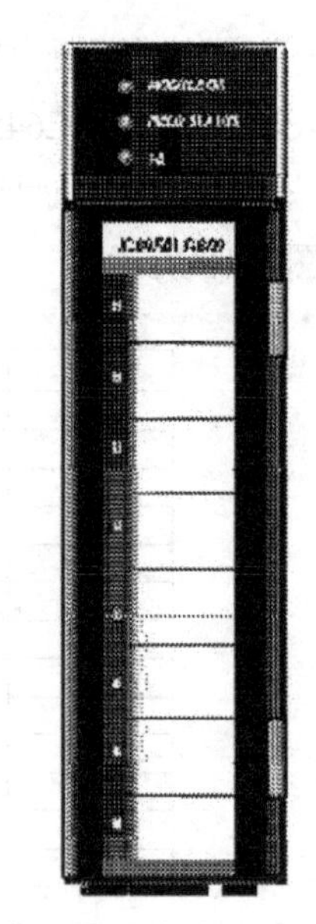

图 2.20　IC695ALG600 模拟输入模块

（1）多达八个电压、热电偶、电流、RTD 和电阻输入的通道，可以进行任意组合。

（2）热电偶输入：B、C、E、J、K、N、R、S、T。

（3）RTD 输入：PT 385 / 3916、N 618 / 672、NiFe 518、CU 426。

（4）电阻输入：0~250 / 500 / 1 000 / 2 000 / 3 000 / 4 000 Ω。

（5）电流：0~20 mA、4~20 mA、± 20 mA。

（6）电压：± 50 mV、± 150 mV、0~5 V、1~5 V、0~10 V、± 10 V。

2.3.9　IC694APU300 高速计数模块

IC694APU300 高速计数模块，提供直接处理高达 80 kHz 脉冲信号的功能，如图 2.21 所示。该模块不需要与 CPU 进行通信就可以检测输入信号，处理输入计数信息，控制输出。

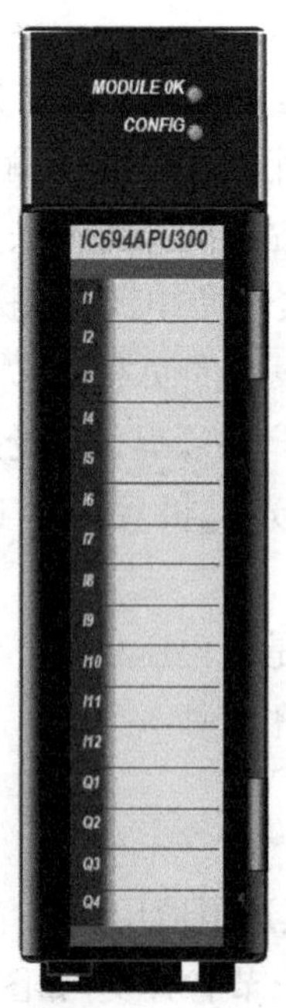

图 2.21　IC694APU300 高速计数模块

高速计数模块在 CPU 中使用 16 位的开关量输入存储器(%I)，15 W 的模拟量输入存储器(%AI)和 16 位的开关量输出存储器(%Q)。

附加模块特性如下：

(1)12 个正逻辑输入点(源),输入电压为 DC5 V 或 DC10~30 V。

(2)4 个正逻辑(源)输出点。

(3)每个计数器按时基计数。

(4)内在模块诊断。

(5)为现场接线提供可拆卸的端子板。

根据用户选择的计数器类型,输入端可以用作计数信号、方向、失效、边沿选通和预置的输入点。输出点可以用来驱动指示灯、螺线管、继电器和其他装置。

模块电源来自背板总线的 +5 V 电压。输入和输出端设备的电源必须由用户提供,或者来自电源模块的隔离 DC24 V 的输出。这个模块也提供了可选择的门槛电压,用来允许输入端响应 DC5 V 或者 DC10~30 V 的信号。

标签上的蓝条表明 IC694APU300 是低电压模块。这种模块可以安装到 RX3i 系统中的任何 I/O 插槽。

2.3.10　底板

有两种通用背板可以用于 RX3i 系统:16 插槽的通用背板(IC695CHS016)和 12 插槽的通用背板(IC695CHS012)。Demo 演示箱用的是 12 插槽的通用背板,示意图及相关功能如图 2.22 所示。

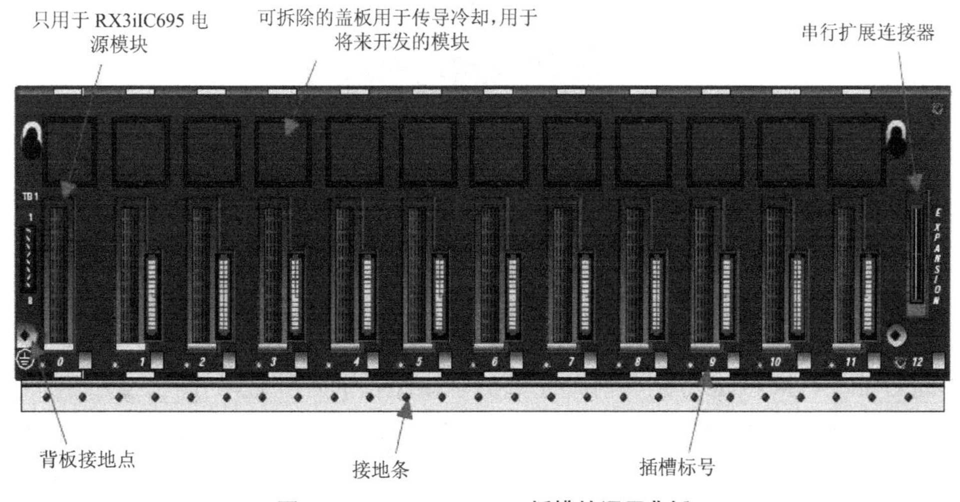

图 2.22　IC695CHS012 插槽的通用背板

绝大多数的模块占用一个插槽,另外一些模块,例如 CPU 模块以及交流电源占用两个插槽。

1. 插槽

通用背板最左侧的插槽是 0 插槽。只有 IC695 电源的背板连接器可以插在 0 插槽上(注意:IC695 电源可以装在任何插槽内)。两个插槽宽的模块的连接器在模块底部右边,如 CPU310,可以插入 1 插槽连接器并盖住 0 插槽。在配置以及用户逻辑应用软件中的槽号是参照 CPU 占据插槽的左边插槽的槽号。例如,如果 CPU 模块装在 1 插槽,而 0 插槽同样被模块占据,考虑配置和逻辑,CPU 就被认为是插入 0 插槽。

2. 插槽 1~11

插槽 1~11,每槽有两个连接器,一个用于 RX3i PCI 总线,另一个用于 RX3i 串行总线。每个插槽可以接受任何类型的兼容模块:IC695 电源、IC695CPU 或者 IC695、IC694 以及 IC693 I/O 或选项模块。

3. 扩展插槽(槽 12)

通用背板上的最右侧的插槽有不同于其他插槽的连接器,如图 2.23 所示。它只能用于 RX3i 串行扩展模块(IC695LRE001),RX3i 双插槽模块不能占用该扩展插槽。

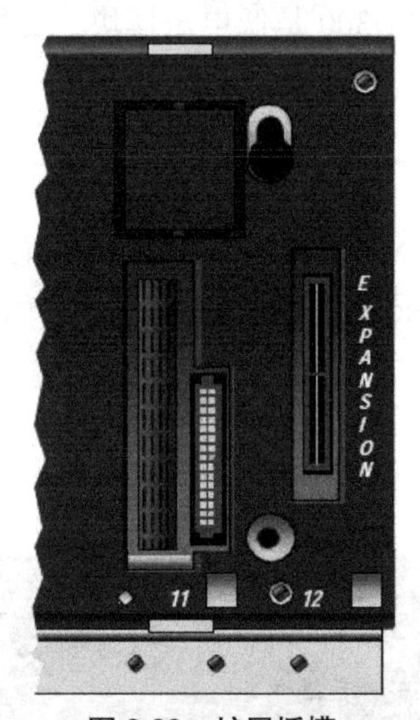

图 2.23 扩展插槽

2.4 人机界面选用

QuickPanel View/Control 是当前最先进的紧凑型控制计算机,如图 2.24 所示。QuickPanel View/Control 提供不同的配置来满足使用需求,既可以作为全功能的人机界面(Human Machine Interface, HMI),也可以作为 HMI 与本地控制器和分布式控制应用的结合。无论是其擅长的网络环境还是单机单元,QuickPanel View/Control 是工厂级人机界面及控制的很好的解决方案。

图 2.24　QuickPanel View/Control 产品

由微软 Windows CE 嵌入式控制操作系统支持，QuickPanel View/Control 为应用程序的开发提供了快捷的途径。与其他版本 Windows 的统一性相比，Windows CE 简化了对已存在程序代码的移植。Windows CE 另一个优点是其熟悉的用户界面，缩短了操作人员和开发人员的学习周期。丰富的第三方应用软件使这个操作系统更具吸引力。

2.4.1　QuickPanel View/Control 6 "TFT

QuickPanel View/Control 6 " 是多合一微型计算机。基于先进的 Intel 微处理器，将多种 I/O 选项结合到一个高分辨率的操作员接口。通过选择这些标准接口和扩展总线，可以将它与大多数的工业设备连接，如图 2.25 所示。

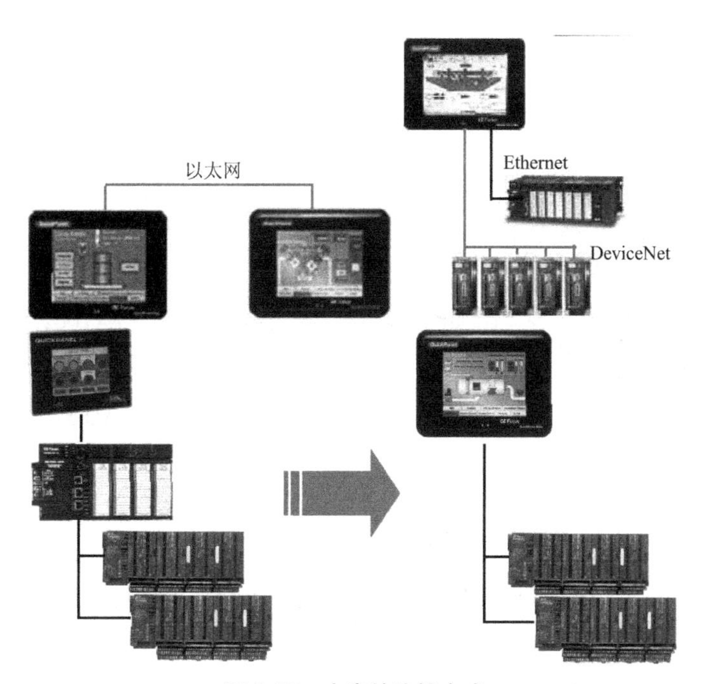

图 2.25　丰富的连接方式

QuickPanel View/Control 配有各种类型的存储器，一个 32 MB 的动态随机存取存储器（DRAM）分配给操作系统、工程存储单元和应用存储单元。支持 32 MB 或 64 MB 非易失性闪存的虚拟硬盘驱动器，被分配给操作系统和应用程序进行长久存储。保持存储器是一个由电池支持的 512 KB 静态存储器（SRAM），用来存储数据，保证重要数据即使在断电的情况下也不会丢失。

2.4.2 布局与基本安装

QuickPanel View/Control 6 " TFT 的布局如图 2.26 所示。

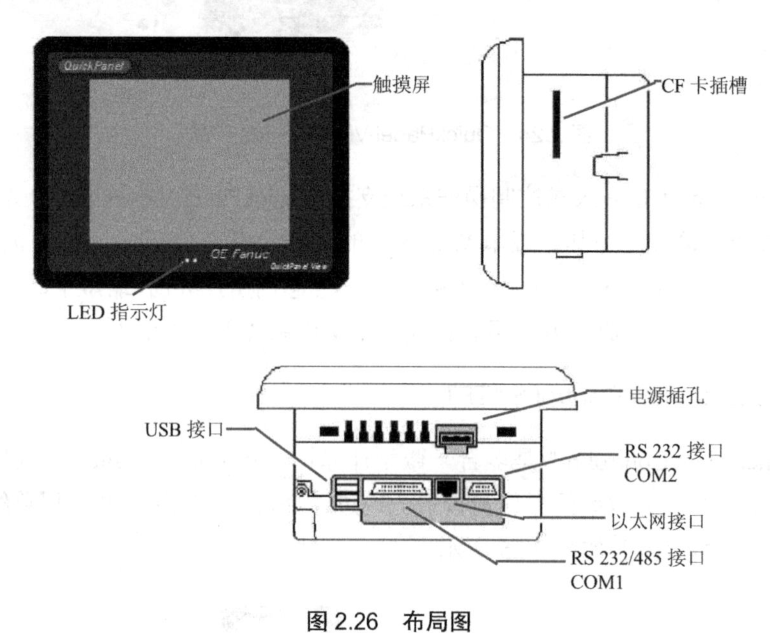

图 2.26 布局图

QuickPanel View/Control 6″ 工作时由外部提供 DC24 V 工作电压，通过电源插孔接入，如图 2.27 所示。

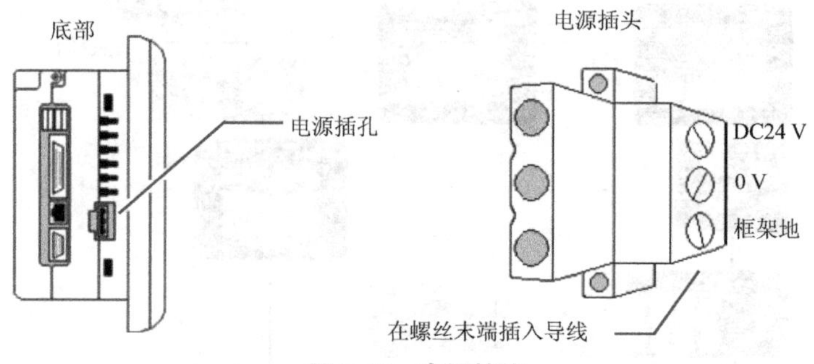

图 2.27 电源接线

QuickPanel View/Control 6 " 可扩展外部设备，如鼠标、键盘等输入设备，如图 2.28 所示。

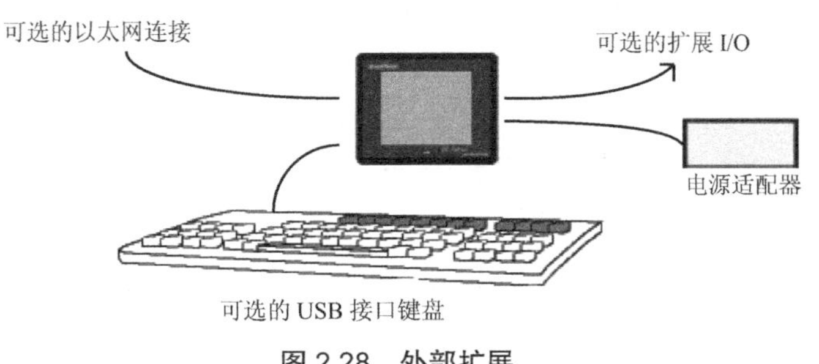

图 2.28　外部扩展

2.4.3　启动设置

第一次启动 QuickPanel View/Control 时，需要先进行一些配置。

将 24 V 电源适配器供上交流电，一旦供电，QuickPanel View/Control 就开始初始化，首先出现启动画面，如图 2.29 所示。

图 2.29　启动画面

如果想跳过开始文件夹下的所有程序，点击画面上的“Don't run Start up programs”按钮，启动画面将在 5 s 后自动消失，出现 Windows CE 桌面。

（1）点击 Start（开始），指向 Settings（设置），点击 Control Panel（控制面板）。

（2）在控制面板上，双击 Display 配置 LCD 显示屏。

（3）在控制面板上，双击 Stylus 配置触摸屏。

（4）在控制面板上，双击 Date and Time 配置系统时钟。

（5）在控制面板上，双击 Network and Dial-up Connections 配置网络设置。

（6）在桌面上，双击 Backup 保存所有最新的设置。

2.4.4　以太网设置

QuickPanel View/Control 有一个 10/100BaseT 自适应以太网端口（IEEE802.3），可以通过在外壳底部的 RJ45 连接器将以太网电缆（无屏蔽，双绞线，UTP CAT 5）连接到模块上。端口上的 LED 指示灯指示通道状态。可以通过 Windows CE 网络通信或用户应用程序访问端口。以太网端口的位置、方向和对外针脚如图 2.30 所示。

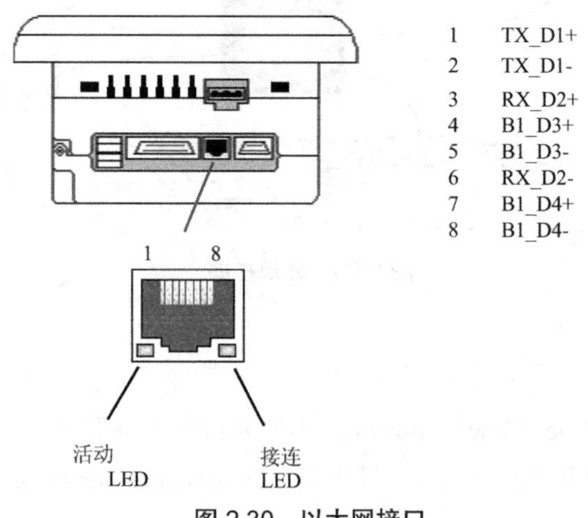

图 2.30 以太网接口

有两种方法可以在 QuickPanel View/Control 上配置 IP 地址。

(1)DHCP(Dynamic Host Configuration Protocol):这是自动完成的缺省方法,在所连接的网络中应该有个 DHCP 服务器来分配有效的 IP 地址。联络网络管理员以确定 DHCP 服务器的配置正确。

(2)手动方法:用户为 QuickPanel View/Control 配置特殊的地址、子网掩码(合适的)和默认网关。直接将 QuickPanel View/Control 连接到 PC 时要使用交叉电缆;当连接到网络集线器时,使用直连电缆。

设置 IP 地址步骤如下。

(1)在控制面板上,点击 Network and Dial-up Connections 显示“Connection”窗口,如图 2.31 所示。

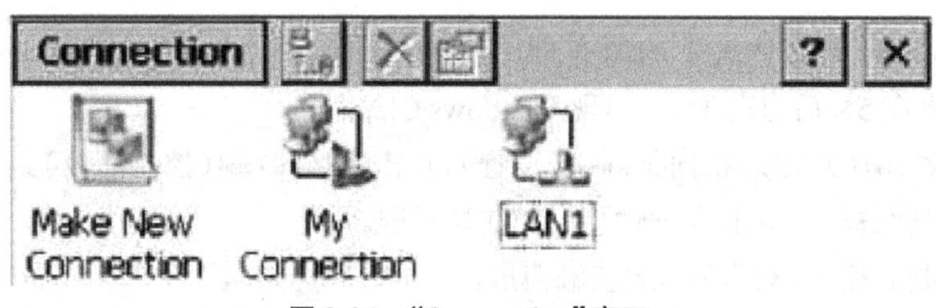

图 2.31 “Connection”窗口

选择一个连接并选择属性,出现“Built In 10/100 Ethernet Port Settings”对话框,如图 2.32 所示。

图 2.32　"Built In 10/100 Ethernet Port Settings"对话框

（2）选择一种方法，Obtain an IP address via DHCP（自动）式 Specify an IP address（手动），然后输入地址，点击"OK"按钮。

（3）运行 Backup 程序保存设置，重启 QuickPanel View/Control。

如果选择 DHCP 方法，QuickPanel View/Control 在初始化过程中，网络服务器会自动分配一个 IP 地址。（当连接到网络上时）

为 QuickPanel View/Control 分配了一个 IP 地址后，就可以访问任何有权限的网络驱动器或共享资源。

通信网络将在第 6 章详细介绍。

第 3 章　Proficy Machine Edition 软件的组态及应用

3.1　Proficy Machine Edition 概述

Proficy Machine Edition 是一个高级的软件开发环境和机器层面自动化维护环境。它能由一个编程人员实现人机界面、运动控制和执行逻辑的开发。

GE Fanuc 的 Proficy Machine Edition 是一个适用于人机界面开发、运动控制及控制应用的通用开发环境。Proficy Machine Edition 能提供一个统一的用户界面，全程拖放的编辑功能及支持项目需要的多目标组件编辑功能。支持快速、强有力、面向对象的编程，Proficy Machine Edition 充分利用了工业标准技术的优势，如 XML、COM/DCOM、OPC 和 ActiveX 。Proficy Machine Edition 也包括了基于网络的功能，如它的嵌入式网络服务器，可以将实时数据传输给企业里任意一个人。Proficy Machine Edition 内部的所有组件和应用程序都共享一个单一的工作平台和工具箱。一个标准化的用户界面会减少学习时间，而且新应用程序的集成不包括对附加规范的学习。Proficy TM Machine Edition 软件界面如图 3.1 所示。

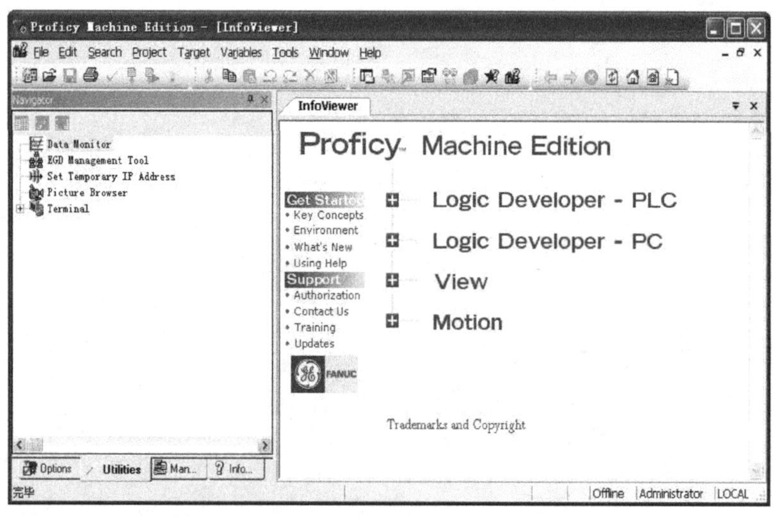

图 3.1　ProficyTM Machine Edition 软件界面

3.2　Proficy Machine Edition 组件

1. Proficy 人机界面

Proficy 人机界面是一个专门用于全范围的机器级别操作的界面，其包括对下列运行选项的支持：

（1）QuickPanel；

（2）QuickPanel View（基于 Windows CE）；

（3）Windows NT/2000/XP。

2. Proficy 逻辑开发器——PC

PC 控制软件集合了易于使用的特点和快速应用开发的功能，其包括对下列运行选项的支持：

（1）QuickPanel Control（基于 Windows CE）；

（2）Windows NT/2000/XP；

（3）嵌入式 NT。

3. Proficy 逻辑开发器——PLC

Proficy 逻辑开发器——PLC 可对所有 GE Fanuc 的 PLC、PAC Systems 控制器和远程 I/O 进行编程和配置，在 Professional、Standard 以及 Nano/Micro 版本中可选用。

4. Proficy 运动控制开发器

Proficy 运动控制开发器可对所有 GE Fanuc 的 S2K 运动控制器进行编程和配置。

3.3　软件安装

为了更好地使用 Proficy Machine Edition 软件，编程计算机需要满足下列条件。

1. 软件需要

（1）操作系统 Windows® NT version 4.0 Service Pack 6.0，Windows 2000 Professional，Windows XP Professional，Windows ME 或 Windows 98 SE 均可。

（2）Internet Explorer 5.5 Service Pack 2。

2. 硬件需要

（1）500 MHz 基于奔腾的计算机（建议主频在 1 GHz 以上）。

（2）128 MB RAM（建议 256 MB）。

（3）支持 TCP/IP 网络协议。

（4）150~750 MB 硬盘空间。

（5）200 MB 硬盘空间用于安装演示工程（可选）。

Proficy Machine Edition 软件安装步骤如下。

（1）将 Proficy Machine Edition 光盘插入 CD-ROM 驱动器，通常安装程序会自动启动，如果安装程序没有自动启动，也可以通过直接运行在光盘根目录下的 Setup.exe 来启动。

（2）在安装界面中点击“Install”按钮开始安装程序，跟随屏幕上的指令操作，依次点击“下一步”按钮即可。

（3）产品注册。在软件安装完成后，会出现产品注册画面，如图 3.2 所示。

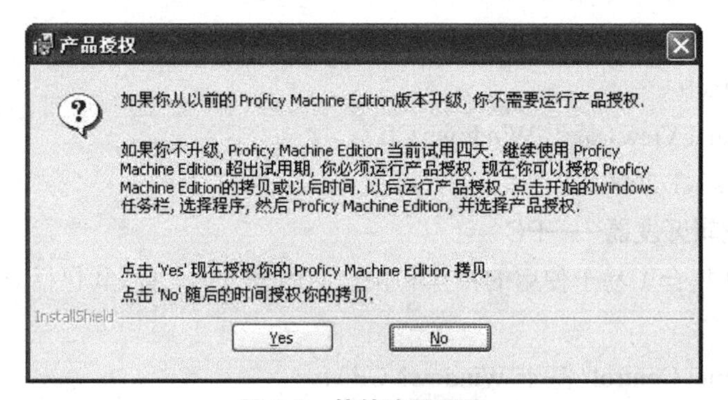

图 3.2 软件注册画面

点击“No”按钮，仅拥有 4 天的使用权限。若已经拥有产品授权，点击“Yes”按钮，将硬件授权插入电脑的 USB 通信口，就可以在授权时间内使用 Proficy Machine Edition 软件了。

3.4 工程管理

3.4.1 打开 GE VersaMax Nano & Micro PLC 工程

点击“开始”→“所有程序”→“GE Fanuc”→“Proficy Machine Edition”→“Proficy Machine Edition”或者点击图标，启动软件。在 Machine Edition 初始化后，进入开发环境窗口，如图 3.3 所示。

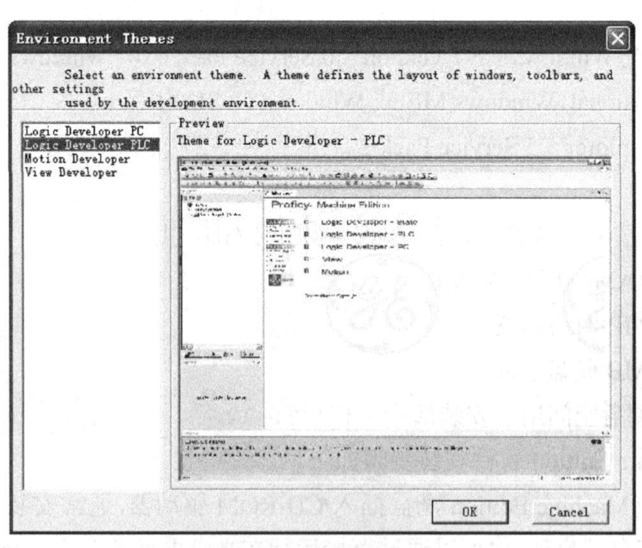

图 3.3 开发环境窗口

注意：当第一次启动 Machine Edition 软件时，开发环境选择窗口会自动出现，如果以后想改变显示界面，可以通过选择“Windows”→“Apply Theme”菜单进行。

选择“Logic Developer PLC”一栏，点击“OK”按钮。打开一个工程后进入的窗口界面和在开发环境选择窗口中所预览到的界面是完全一样的。

点击“OK”按钮后，出现 Machine Edition 软件工程管理提示画面，如图 3.4 所示。相关功能已经在图中标出，可以根据实际情况作出适当选择。

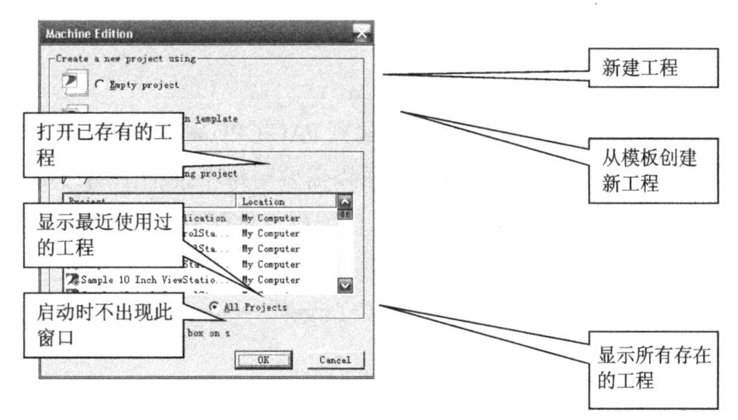

图 3.4　“Machine Edition”窗口

3.4.2　创建 GE VersaMax Nano/Mcro PLC

通过 Machine Edition，可以在一个工程中创建和编辑不同类型的产品对象，如 Logic Developer PC，Logic Developer PLC，View 和 Motion。在同一个工程中，这些对象可以共享 Machine Edition 的工具栏，Machine Edition 提供了各个对象之间的更高层次的综合集成。

下面介绍如何创建一个新工程。

（1）点击“File”→“New Project”或点击“File”工具栏中的按钮，出现“New Project”对话框，如图 3.5 所示。

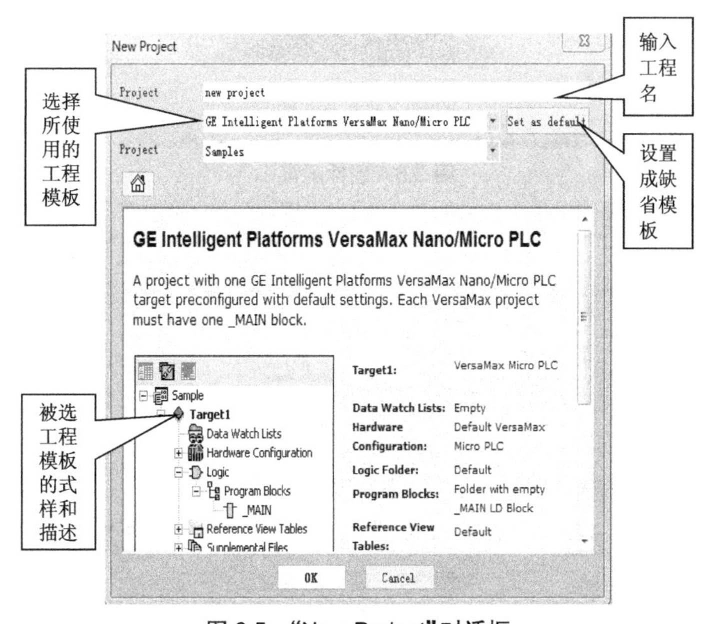

图 3.5　“New Project”对话框

（2）选择所需要的模板。

（3）输入工程名。

(4)点击“OK”按钮。

这样,一个新工程就在 Machine Edition 环境中被创建了。

3.5 硬件配置

用 Machine Edition Logic Developer 软件配置 PAC CPU 和 I/O 系统。由于 PAC 采用模块化结构,每个插槽均有可能配置不同模块,所以需要对每个插槽上的模块进行定义,CPU 才能识别到模块展开工作。使用 Developer PLC 编程软件配置 PAC 的电源模块、CPU 模块和常用的 I/O 模块步骤如下。

(1)依次点开浏览器的“Project”→“PAC Target”→“hardware Configuration”→“Main Rack(CPU)”,如图 3.6 所示。

(2)修改 CPU 型号,选择 IC200UDR064/164,会弹出一些对话框,询问是否更换 CPU 等等,直接点击“OK”按钮即可,如图 3.7 所示。

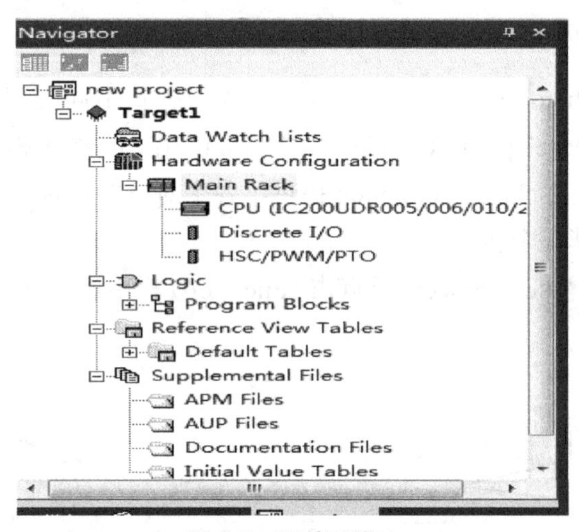

图 3.6 硬件配置 1

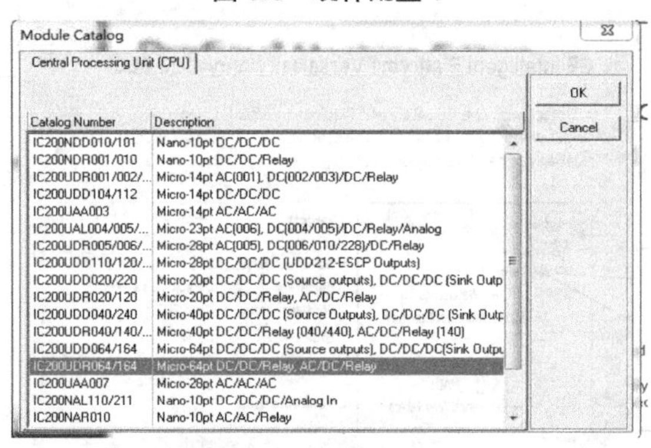

图 3.7 硬件配置 2

3.6 串口通信设置

(1)用通信线把 PLC 和电脑连接起来,打开“电脑管理”设备管理器,查看 PLC 的电脑端口号，如图 3.8 所示端口号是 COM4。

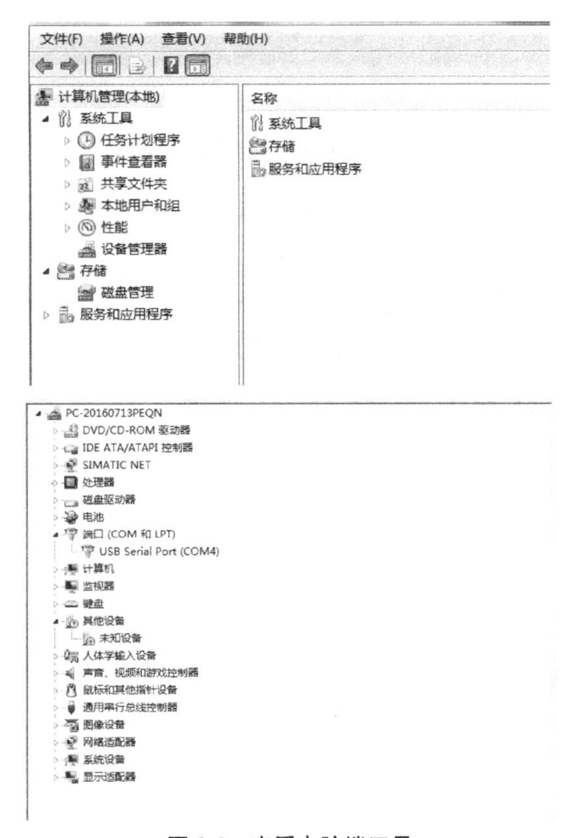

图 3.8　查看电脑端口号

(2)打开软件里的项目窗口，点开项目属性，修改 PLC 的端口号，使其和电脑的端口号一致，如图 3.9 所示。

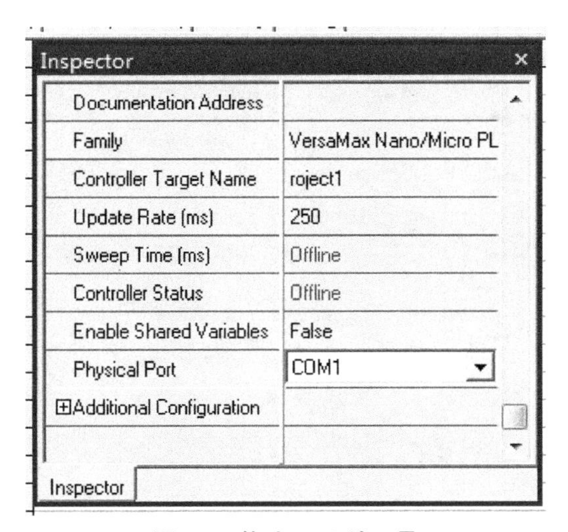

图 3.9　修改 PLC 端口号

（3）修改完毕后，点击黑色闪电标志将 PLC 切换至在线，如图 3.10 所示。

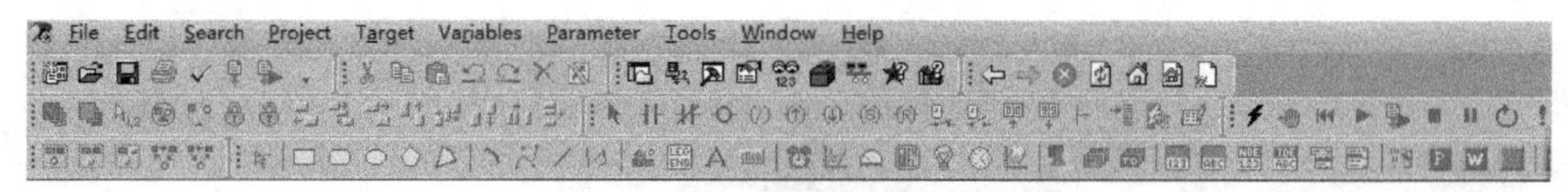

图 3.10　将 PLC 切换至在线

（4）点击完毕后，通信成功则会出现图 3.11 所示的（在软件中显示为绿色）。

图 3.11　通信成功

（5）再点击变成在线模式，然后点击图 3.11 中第五个图标进行下载，下载完毕后，即可运行机器。详细下载步骤将在第 6 章介绍。

第 4 章　VersaMax 系列产品

VersaMax 是 GE 公司推出的新一代控制器，它不仅设计新颖、结构紧凑、通用性强、配置灵活、经济实用，而且为自动化控制系统提供了功能强大的系列产品。VersaMax 具有“三合一”功能，它既可以作为单独的、具有较高性价比的 PLC 使用，又可以作为 I/O 子站，通过现场总线受控于其他主控设备（如 PAC Systems™ RX3i 以及第三方 PLC、DCS 或计算机系统等），还可以构成由多台 PC 组成的分布式大型控制系统。VersaMax 产品为模块化、可扩展结构，其构成的系统可大可小，为现代开放式控制系统提供了一套通用的、便于实施的、经济的解决方案。目前，在高职院校开展的实训项目大多数采用 VersaMax 系列产品。

4.1　产品组成

VersaMax 产品主要由六个基本单元组成，如图 4.1 所示。

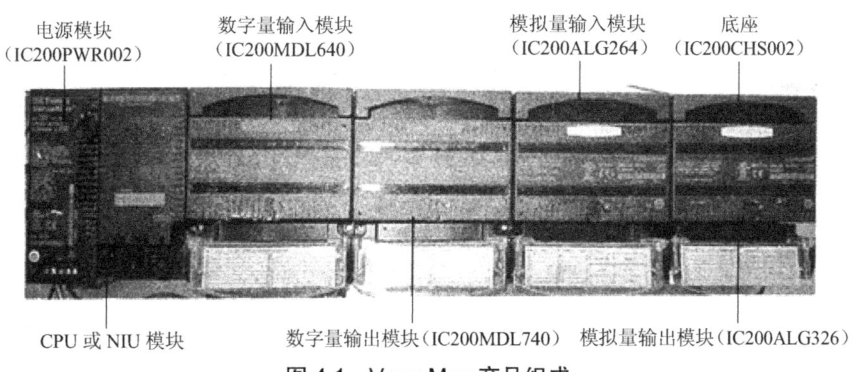

图 4.1　VersaMax 产品组成

1.CPU 模块

CPU 执行用户程序，直接控制本地 I/O 模块或通过现场总线控制分布 I/O 模块，还可以与其他 PLC 通信。

2.NIU 模块(Network Interface Unit，网络接口单元)

NIU 提供从站通信协议，将 I/O 模块通过现场总线与主机连接起来，主机可以是 PLC，也可以是 PC 机或 DCS 系统。

3.I/O 模块

VersaMax 产品提供了多种类型的 I/O 模块，除了常规的开关量、模拟量模块外，还有热电阻（RTD）、热电偶（TC）和高速计数器（HSC）等特殊模块，以满足用户的广泛需求。

4. 模块底座

模块底座支持所有类型的 VersaMax I/O 模块的安装、背板总线通信和现场接线端子。

I/O 模块装卸时无须变动现场接线。

5. 通信模块

通信模块提供 VersaMax 产品与其他设备之间的通信。

6. 电源模块

电源模块通过背板总线向模块供电。

4.2 CPU 模块

VersaMax CPU 模块的基本特性如下：

（1）支持梯形图、顺序功能图和指令语句等多种方式编程；

（2）支持高速计数器（HSC）、脉宽调制输出（PWM）、脉冲串输出；

（3）支持浮点数运算、PID 功能、子程序、实时时钟日期；

（4）无冲击运行状态储存程序；

（5）非易失性 flash 内存储存程序；

（6）四个等级密码程序保护，OEM 密码设置，子程序加密；

（7）强大诊断功能，通过内置的 PIC 和 I/O 两个故障表清晰地指出出现故障的时间、部位和内容；

（8）带有运行 / 停止操作开关，通过 LED 灯直观地显示运行、故障、强制、通信状态；

（9）内置 RS-232 和 RS-485 通信口，每个端口都支持 SNP、Modbus RTU 和 I/O 协议，其中 I/O 协议能进行 ASCI 读 / 写、Modem 自动拨号等。

4.3 NIU 模块

NIU 模块为 VersaMax 产品提供了更多的灵活性。部分 NIU 模块的型号见表 4.1。

表 4.1　NIU 模块型号

总线协议	模块型号
Profibus-DP	IC200PBI001
Devicenet	IC200DBI001
Ethernet	IC200EBI001
Profinet	IC200PNS001

4.4 I/O 模块

I/O 模块和 VersaMax CPU 模块或 NIU 模块一同使用，可以安装在各种类型的 VersaMax 模块底座上，支持带电热插拔。

4.4.1　数字量 I/O 模块

数字量 I/O 模块分为输入、输出和混合三种模块。输入模块作为 PLC 输入接口，接收各种开关量信号，如按钮开关等；输出模块作为 PLC 输出接口，控制指示灯、中间继电器等设备动作；混合模块既有输入又有输出，方便现场使用。每个输入、输出通道均有 LED 指示灯显示 ON / OFF 状态。数字量输入模块（IC200MDL640）端子接线如图 4.2 所示，特性见表 4.2。

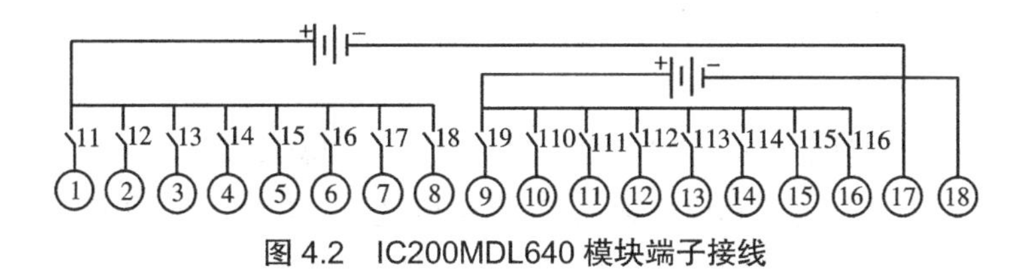

图 4.2　IC200MDL640 模块端子接线

表 4.2　IC200MDL640 模块特性

型号		IC200MDL640
说明		DC 24 V 正逻辑
点数		16 点
每组点数		8 点（共 2 组）
输入电压（V）	ON	15~30
	OFF	0~5
输入电流（mA）	ON	2~5.5
	OFF	0~0.5
响应时间（ms）	ON	≤ 0.25
	OFF	
输入阻抗（kΩ）		10

数字量输出模块（IC200MDL740）端子接线如图 4.3 所示，特性见表 4.3。

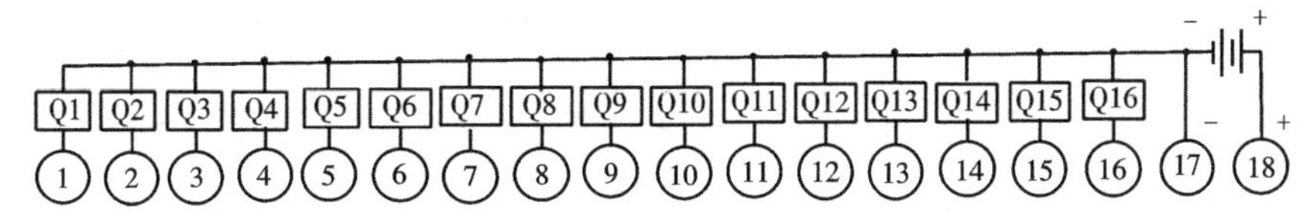

图 4.3　IC200MDL740 模块端子接线

表 4.3　IC200MDL740 模块特性

型号	IC200MDL740
说明	DC 12/24 V 正逻辑
点数	16 点
每组点数	16 点（共 1 组）

续表

输出直流电压(V)		10.2~30
每点负载电流(A)		0.5
响应时间(ms)	ON	≤ 0.2
	OFF	≤ 1.0

4.4.2 模拟量 I/O 模块

模拟量 I/O 模块适用于各种过程控制,如流量、压力和温度等,也分为输入、输出和混合三种模块。输入模块接收电流和电压输入信号,也可处理热电阻和热电偶信号;输出模块输出电压或电流信号;混合模块既有输入又有输出,方便现场应用。

模拟量输入模块(IC200AILC264)端子接线如图 4.4 所示,特性见表 4.4。

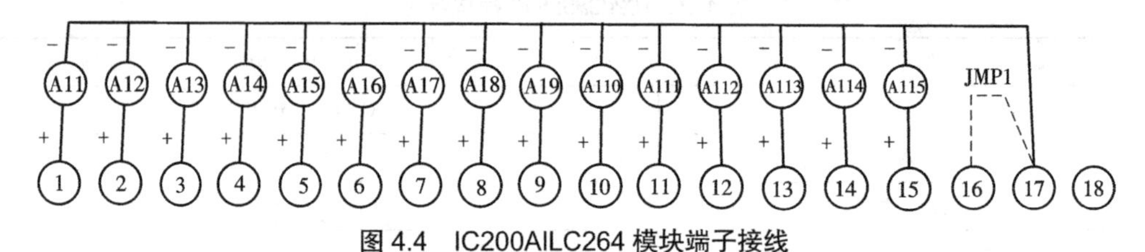

图 4.4　IC200AILC264 模块端子接线

表 4.4　IC200ALG264 模块特性

型号	IC200ALG264
说明	电流输入模块
通道数	15 路(共 1 组),单端
分辨率	15 位
输入电流范围(mA)	4~20、0~20
刷新速率(ms)	7.5
外部电源	—

模拟量输出模块(IC200ALG326)端子接线如图 4.5 所示,特性见表 4.5。

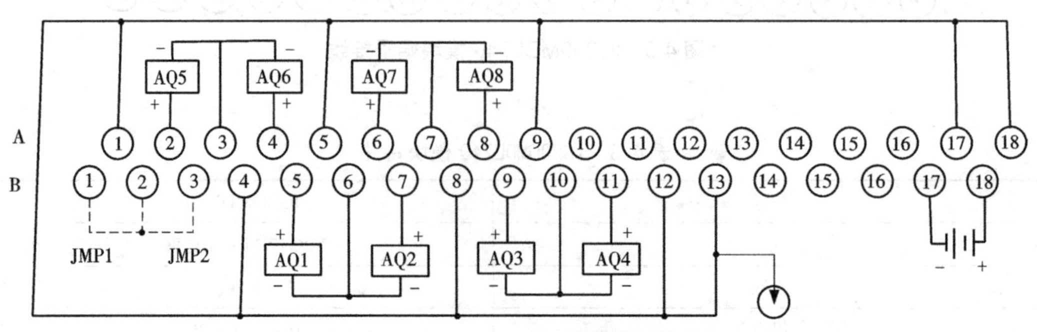

图 4.5　IC200ALG326 模块端子接线

表 4.5　IC200ALG326 模块特性

型号	IC200ALG326
说明	电流输出模块
通道数	8 路(共 1 组)
分辨率	13 位
输出电流范围(mA)	4~20、0~20
负载(Ω)	800
更新速率(ms)	15
通道之间串扰抑制(dB)	≥ 70
外部电源(直流)	24 V /185 mA

4.5　电源模块

电源模块直接安装在 CPU 模块或 NIU 模块上,为系统提供电源。电源模块特性见表 4.6。

表 4.6　电源模块特性

模块型号	IC200PWR001 IC200PWR002	IC200PWR101 IC200PWR102
输入电压	DC 24 V 额定(DC 18~30 V)	AC 120 V 额定(AC 85~132 V) AC 240 V 额定(AC 176~264 V)
输入功率(W)	11	27
保持时间(ms)	10	20
输出直流电压(V)	5 3.3	5 3.3
保护特性	短路、过载、极性反	短路、过载
输出电流(A)	0.25 1.0	0.25 1.0

电源模块实际使用时需要计算总负荷,当一个电源模块不能满足系统功耗要求时可增加辅助电源模块,辅助电源模块必须安装在辅助电源底座上,无论主电源模块,还是辅助电源模块,它只给安装在其右边的 I/O 模块供电,直至到下一个电源模块为止。

4.6　模块底座

模块底座用于 I/O 模块装配、模块与模块之间通信和模块与现场之间接线等。I/O 模块通过底座连接可以不影响现场接线,轻松拆装,方便工程维护。盒型模块底座(IC200CHS002)如图 4.6 所示。

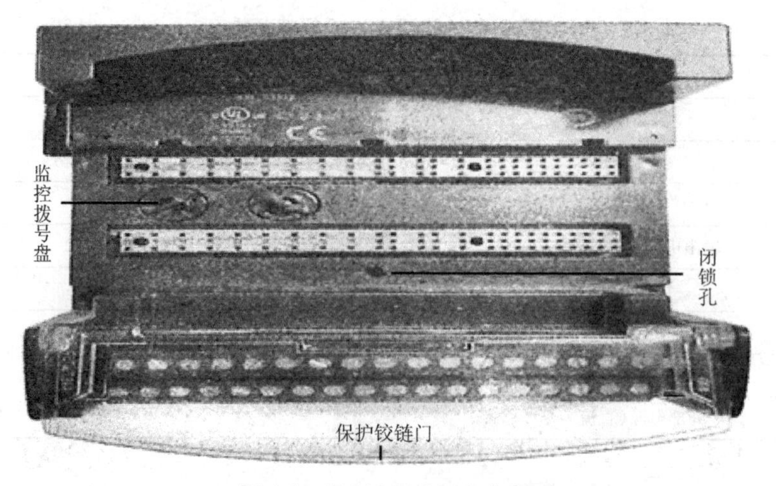

图 4.6　IC200CHS002 底座

盒型底座最多支持 32 个 I/O 点和 4 个公共点 / 电源连接点的配线；底座设置监控拨号盘，确保底座上安装模块类型正确。底座监控拨号盘上的键码设置要与安装模块底部的键码匹配，否则无法安装，如图 4.7 所示。模块闭锁孔用于模块与底座之间的安全嵌锁。透明的保护铰链门罩住配线端子，I/O 模块的配线卡片可以插入此门中，便于维护查阅。

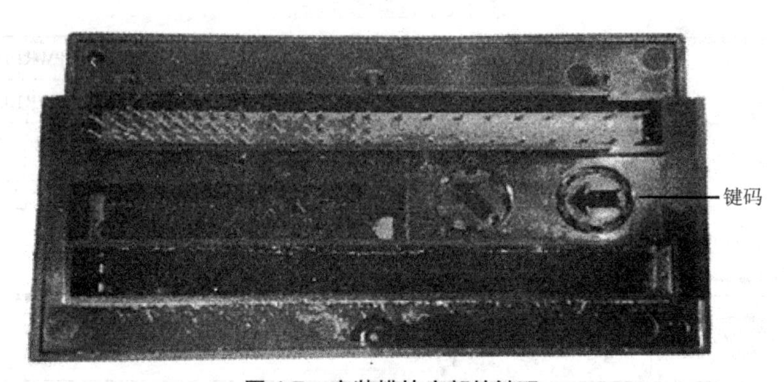

图 4.7　安装模块底部的键码

第 5 章　基本指令及程序设计

5.1　继电器指令

继电器指令见表 5.1。

表 5.1　继电器指令

Type of Contact	Display	Contact Passes Power to Right
Normally-open contact Normally-closed contact	-|　|- -| / |-	When reference is ON When reference is OFF
Positivetransition contact Negativetransition contact	-| ↑ |- -| ↓ |-	If reference goes ON If reference goes OFF
Faultcontact No fault contact	-F AULT]- -NOFL T]-	If reference has point fault If reference has no point fault
High alarm contact Low alarm contact	-HIALR]- -LO ALR]-	If reference exceeds high alarm If reference exceeds low alarm
Continuation contact	<+>---	If the preceding continuation coil is set ON

5.1.1　继电器触点

继电器触点如图 5.1 所示。

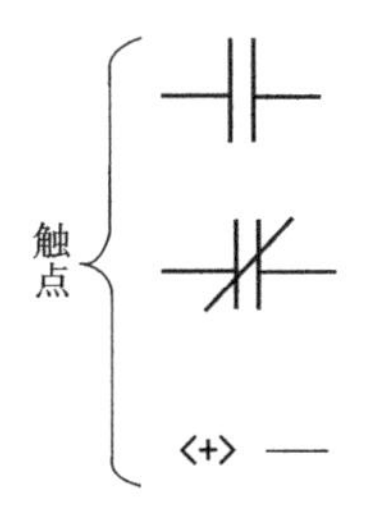

图 5.1　继电器触点

5.1.2　继电器线圈指令

继电器线圈指令如图 5.2 所示。

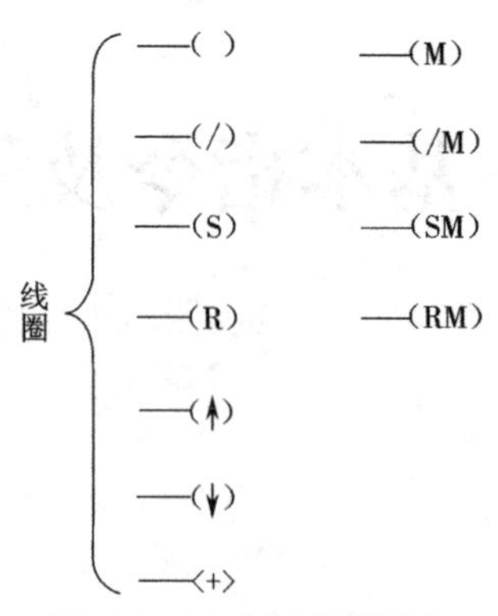

图 5.2　继电器线圈指令

指令、触点和线圈的注意点见表 5.2。

表 5.2　指令、触点和线圈的注意点

Type of Coil	Display	Power to Coil	Result
Coil (normally open)	-(　)-	ON	Set reference ON
		OFF	Set reference OFF
Negated	-(/)-	ON	Set reference OFF
		OFF	Set reference ON
Retentive	-(M)-	ON	Set reference ON, retentive
		OFF	Set reference OFF, retentive
Negated Retentive	-(/M)-	ON	Set reference OFF, retentive
		OFF	Set reference ON, retentive
Positive Transition	-(↑)-	OFF → ON	If reference is OFF, set it ON for one sweep
Negative Transition	-(↓)-	ON → OFF	If reference is ON, set it OFF for one sweep
SET	-(S)-	ON	Set reference ON until reset OFF by -(R)-
		OFF	Do not change the coil state
RESET	-(R)-	ON	Set reference OFF until set ON by -(S)-
		OFF	Do not change the coil state
Retentive SET	-(SM)-	ON	Set reference ON until reset OFF by -(RM)-, retentive
		OFF	Do not change the coil state
Retentive RESET	-(RM)-	ON	Set reference OFF until set ON by -(SM)-, retentive
		OFF	Do not change the coil state
Continuationcoil	---<+>	ON	Set next continuation contact ON
		OFF	Set next continuation contact OFF

1. 脉冲触点的程序及波形图

脉冲触点的程序及波形图如图 5.3 所示。

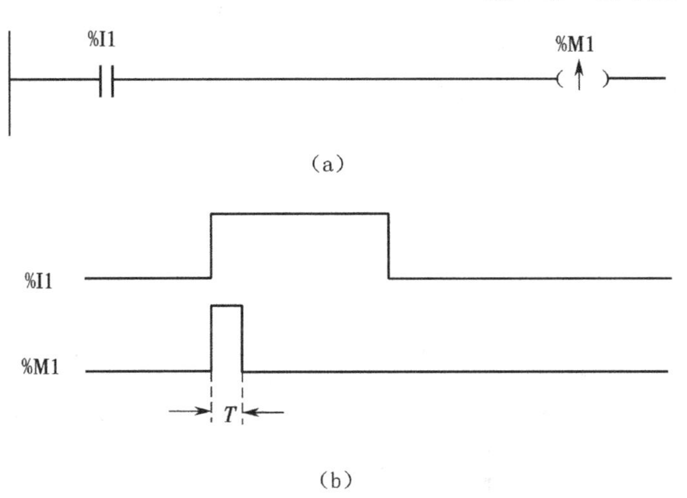

图 5.3　脉冲触点的程序及波形图
（a）程序　（b）波形图

图 5.3 中 %I1 为输入信号，%M1 为输出线圈，T 为一个扫描周期。

2. 延续触点与延续线圈

每行程序最多可以有九个触点，一个线圈。如超过这个限制，则要用到延续触点与延续线圈，如图 5.4 所示。注意延续触点与延续线圈的位置关系。

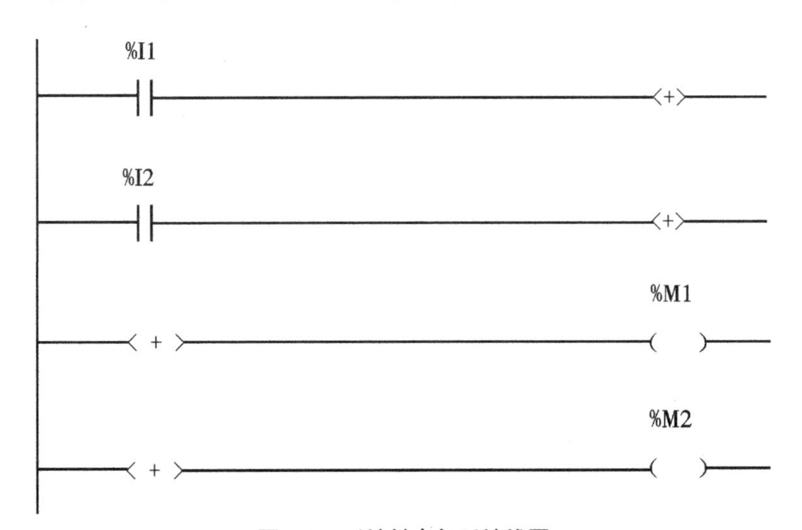

图 5.4　延续触点与延续线圈

当 %I1 得电时，%M1 与 %M2 不会得电，只有 %I2 得电时，%M1 与 %M2 才会得电。

3. 带“M”线圈的含义

带“M”线圈说明该线圈是带断电保护，当 PLC 失电时，带“M”的线圈数据不会丢失。

一些系统触点（只能做触点用，不能做线圈用）的含义如下。

（1）ALW_ON：常开触点。

（2）ALW_OFF：常闭触点。

（3）FST_SCN：在开机的第一次扫描时为“1”，其他时间为“0”。

（4）T_10ms：周期为 0.01 s 的方波。

（5）T_100ms：周期为 0.1 s 的方波。

（6）T_Sec：周期为 1 s 的方波。

（7）T_Min：周期为 1 min 的方波。

示例程序如图 5.5 所示。

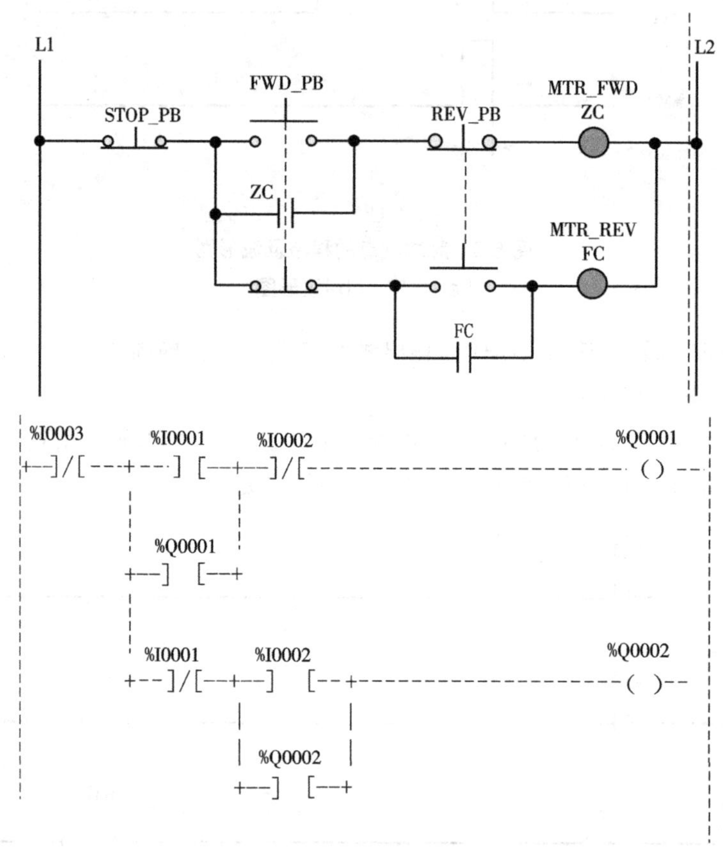

图 5.5　示例程序

5.2　计时器和计数器

5.2.1　计时器

GE Fanuc PLC 计时器分为以下三种类型。

1. 延时计时器

延时计时器梯形图如图 5.6 所示。

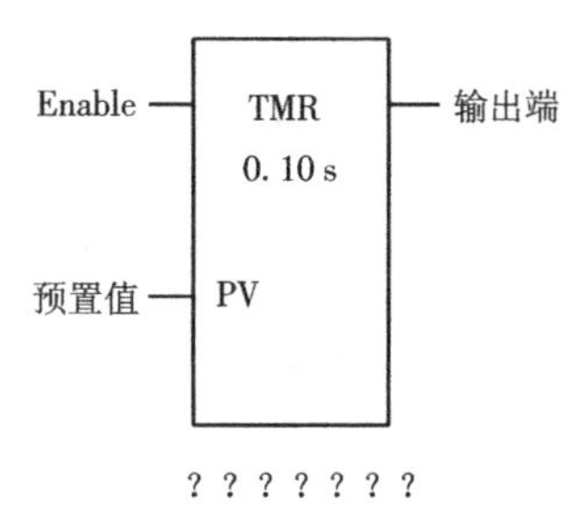

图 5.6　延时计时器梯形图

其工作波形图如图 5.7 所示。

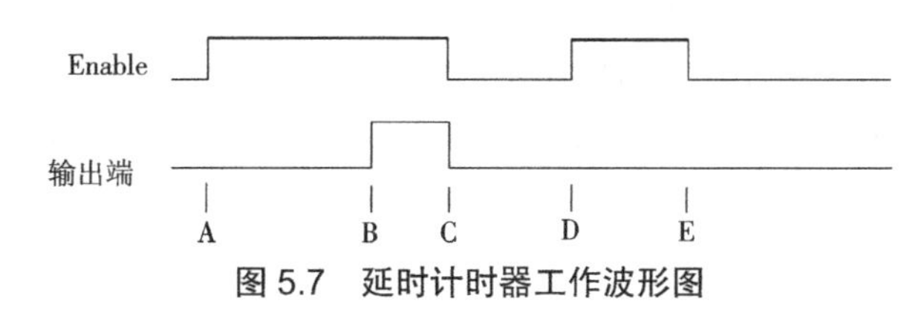

图 5.7　延时计时器工作波形图

在图 5.7 中：

（1）A 表示当 Enable 端由“0 → 1”时，计时器开始计时；

（2）B 表示当计时计到后，输出端置 1 计时器继续计时；

（3）C 表示当 Enable 端由“1 → 0”时，输出端置 0 计时器停止计时，当前值被清零；

（4）D 表示当 Enable 端由“0 → 1”时，计时器开始计时；

（5）E 表示当前值没有达到预置值时，Enable 端由“1 → 0”，输出端仍旧为零，计时器停止计时，当前值被清零。

注：每一个计时器需占用三个连续的寄存器变量。

2. 保持延时计时器

保持延时计时器梯形图如图 5.8 所示。

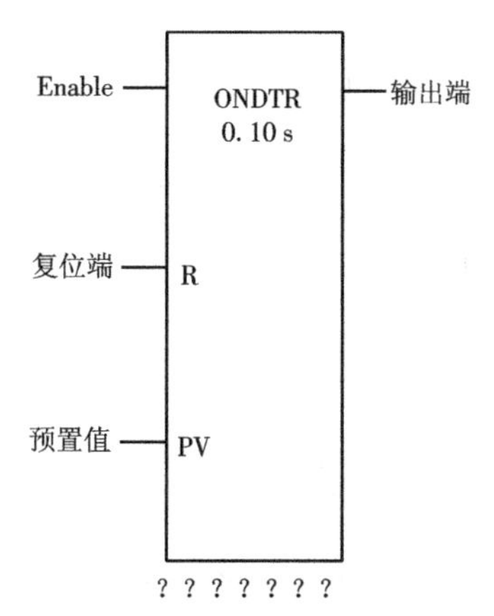

图 5.8　保持延时计时器梯形图

保持延时计时器工作波形图如图 5.9 所示。

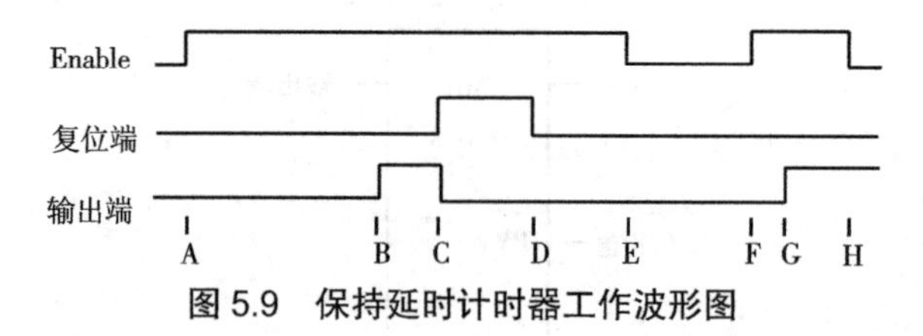

图 5.9　保持延时计时器工作波形图

在图 5.9 中：

（1）A 表示当 Enable 端由“0 → 1”时，计时器开始计时；

（2）B 表示当计时开始后，输出端置 1 计时器继续计时；

（3）C 表示当复位端由“0 → 1”时，输出端被清零，计时值被复位；

（4）D 表示当复位端由“1 → 0”时，计时器重新开始计时；

（5）E 表示当 Enable 端由“1 → 0”时，计时器停止计时，当前值被保留；

（6）F 表示当 Enable 端再由“0 → 1”时，计时器从前一次保留值开始计时；

（7）G 表示当计时开始后，输出端置 1，计时器继续计时，直到使能端为“0”且复位端为“1”或当前值达到最大值；

（8）H 表示当 Enable 端由“1 → 0”时，计时器停止计时，但输出端仍旧为“1”。

注：每一个计时器需占用三个连续的寄存器变量。

3. 断电延时计时器

断电延时计时器梯形图如图 5.10 所示。

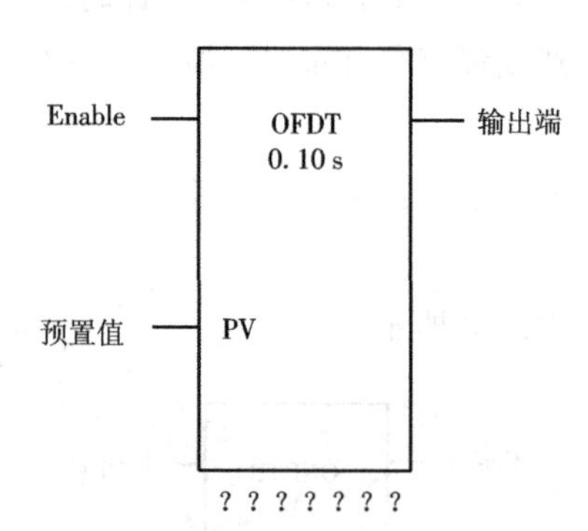

图 5.10　断电延时计时器梯形图

断电延时计数器工作波形图如图 5.11 所示。

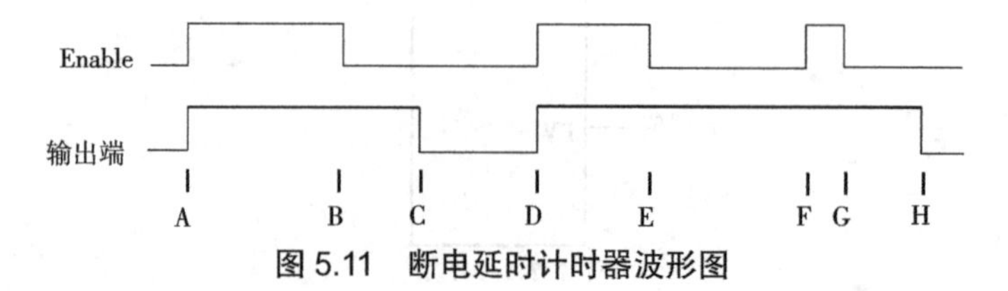

图 5.11　断电延时计时器波形图

在图 5.11 中：

（1）A 表示当 Enable 端由“0 → 1”时，输出端也由“0 → 1”；

（2）B 表示当 Enable 端由“1 → 0”时，计时器开始计时，输出端继续为“1”；

（3）C 表示当前值达到预置值时，输出端由“1 → 0”，计时器停止计时；

（4）D 表示当 Enable 端由“0 → 1”时，计时器复位（当前值被清零）；

（5）E 表示当 Enable 端由“1 → 0”时，计时器开始计时；

（6）F 表示当 Enable 又由“0 → 1”时，且当前值不等于预置值时计时器复位（当前值被清零）；

（7）G 表示当 Enable 端再由“0 → 1”时，计时器开始计时；

（8）H 表示当前值达到预置值时，输出端由“1 → 0”，计时器停止计时。

注：每一个计时器需占用三个连续的寄存器变量。

5.2.2　计数器

GE Fanuc PLC 的计数器有以下两种。

1. 加计数器

加计数器梯形图如图 5.12 所示。

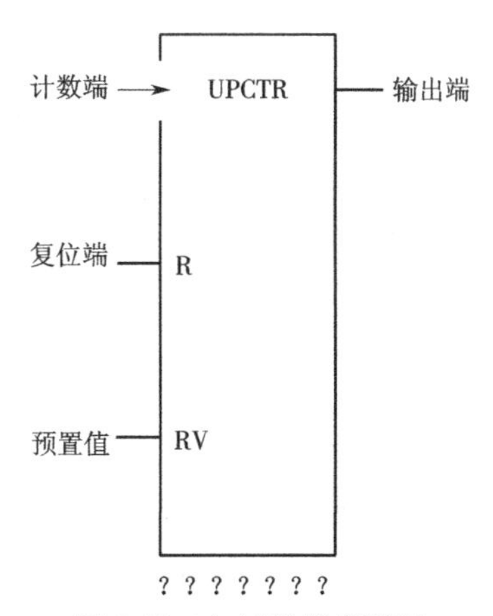

图 5.12　加计数器梯形图

当计数端输入由“0 → 1”（脉冲信号）时，当前值加“1”；当前值等于预置值时，输出端置“1”。只要当前值大于或等于预置值，输出端就始终为“1”，而且该输出端带有断电自保功能，在上电时不自动初始化。

加计数器是复位优先的计数器，当复位端为“1”时（无须上升沿跃变），当前值与预置值均被清零，如有输出，也被清零。

另外，加计数器计数范围为 0~32 767。

使用加计数器时需注意：

（1）每一个计数器需占用三个连续的寄存器变量；

（2）计数端的输入信号要求是脉冲信号，否则将会屏蔽下一次计数。

2. 减计数器

减计数器梯形图如图 5.13 所示。

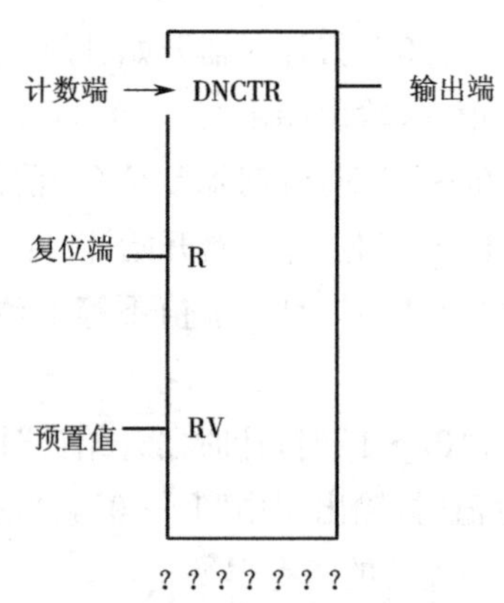

图 5.13　减计数器梯形图

当计数端输入由“0 → 1”(脉冲信号)时,当前值减“1”;当前值等于“0”时,输出端置“1”。只要当前值小于或等于预置值,输出端就始终为“1”,而且该输出端带有断电自保功能,在上电时不会自动初始化。

减计数器是复位优先的计数器,当复位端为“1”时(无须上升沿跃变),当前值被置成预置值,如有输出,也被清零。

减计数器的最小预置值为“0”,最大预置值为“+32767”,最小当前值为“-32 767”。

使用减计数器时需注意:

(1)每一个计数器需占用三个连续的寄存器变量;

(2)计数端的输入信号一定要是脉冲信号,否则将会屏蔽下一次计数。

5.3　数学运算

GE Fanuc PLC 提供的数学运算功能见表 5.3。

表 5.3　GE Fanuc PLC 提供的数学运算功能

Abbreviation	Function	Description
ADD	Addition	Add two numbers
SUB	Subtraction	Subtract one number from another
MUL	Multiplication	Multiply two numbers
DIV	Division	Divide one number by another, yielding a quotient
MOD	Modulo Division	Divide one number by another, yielding a remainder
SQRT	Square Root	Find the square root of an integer or real value
ABS	Absolute Value	Find the absolute value of an integer, doubleprecision integer, or real value
SIN, COS, TAN, ASIN, ACOS, ATAN	Trigonometric Functions	Perform the appropriate functioin on the real value in input IN
LOG, LN, EXP, EXPT	Logarithmic/Exp onential Functions	Perform the appropriate function on the real value in input IN
RAD, DEG	Radian Conversion	Perform the appropriate function on the real value in input IN

5.3.1　四则运算和求余

四则运算指令的梯形图及语法基本类似，现以加法指令为例进行介绍。

加法指令梯形图如图 5.14 所示。

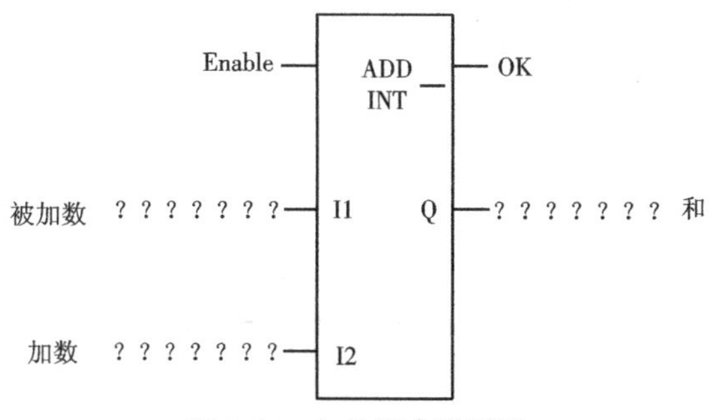

图 5.14　加法指令梯形图

I1 端为被加数，I2 端为加数，Q 为和，其操作为

Q=I1+I2

当 Enable 为“1”时（无须上升沿跃变），指令就被执行。I1、I2 与 Q 是三个不同的地址时，Enable 端是长信号或脉冲信号没有区别。

当 I1 或 I2 之中有一个地址与 Q 地址相同时，即

I1（Q）=I1+I2

I2（Q）=I1+I2

要注意 Enable 端是长信号还是脉冲信号。当 Enable 端是长信号时，该加法指令成为一个累加器，每个扫描周期，执行一次，直至溢出；当 Enable 端是脉冲信号时，在 Enable 端为“1”时，执行一次。

当计算结果发生溢出时，Q 保持当前数值类型的最大值（如果是带符号数，则用符号表示是正溢出还是负溢出。）

当 Enable 端为“1”时，指令正常执行，没有发生溢出，OK 端为“1”，除非发生以下情况：

（1）对 ADD 来说，（+ ∞ ）+（- ∞ ）；

（2）对 SUB 来说，（± ∞ ）-（- ∞ ）；

（3）对 MUL 来说，0×（ ∞ ）；

（4）对 DIV 来说，0/0，1/ ∞；

（5）I1 和（或）I2 不是数字。

要注意四则运算的数据类型，相同的数据类型才能运算，即：

（1）INT 带符号整数（16 位），-32 768 ~ +32 767；

（2）UINT 不带符号整数（16 位），0 ~ 65 535；

（3）DINT 双精度整数（32 位），±2 147 483 648；

（4）REAL 浮点数（32 位）；

（5）MIXED 混合型（90-70 乘、除法时用）。

数据类型如图 5.15 所示。

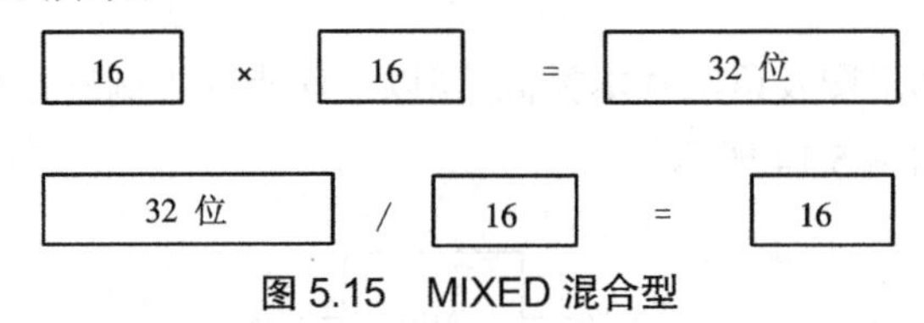

图 5.15　MIXED 混合型

5.3.2　开方

开方梯形图如图 5.16 所示。

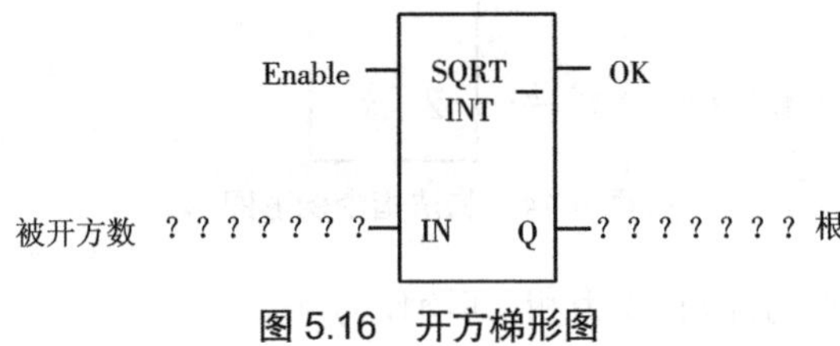

图 5.16　开方梯形图

求 IN 端的平方根，当 Enable 为"1"时(无须上升沿跃变)，Q 端为 IN 的平方根(整数部分)。

当 Enable 为"1"时，OK 端为"1"，除非发生下列情况：

(1)IN<0;

(2)IN 不是数值。

平方根指令支持以下数据类型：

(1)INT;

(2)DINT;

(3)REAL。

5.3.3　绝对值

绝对值梯形图如图 5.17 所示。

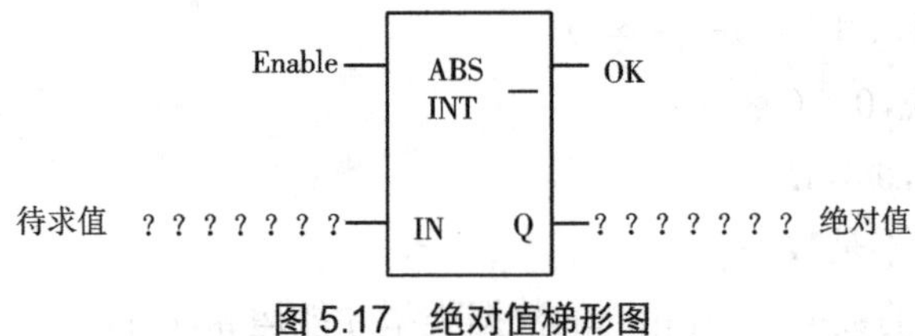

图 5.17　绝对值梯形图

求 IN 端的绝对值，当 Enable 为"1"时(无须上升沿跃变)，Q 端为 IN 的绝对值。

当 Enable 为"1"时，OK 端为"1"，除非发生下列情况：

(1)对数型 INT 来说，IN 是最小值；

(2)对数型 DINT 来说，IN 是最小值；

(3)对数型 REAL 来说，IN 不是数值。

绝对值指令支持下列数据类型：

（1）INT；

（2）DINT；

（3）REAL。

5.3.4　三角函数(只支持浮点数)

90-70 系列 PLC 提供六种三角函数，分别是正弦函数、余弦函数、正切函数、反正弦函数、反余弦函数、反正切函数。其语法大致相同，现以正弦函数为例进行介绍。

正弦函数梯形图如图 5.18 所示。

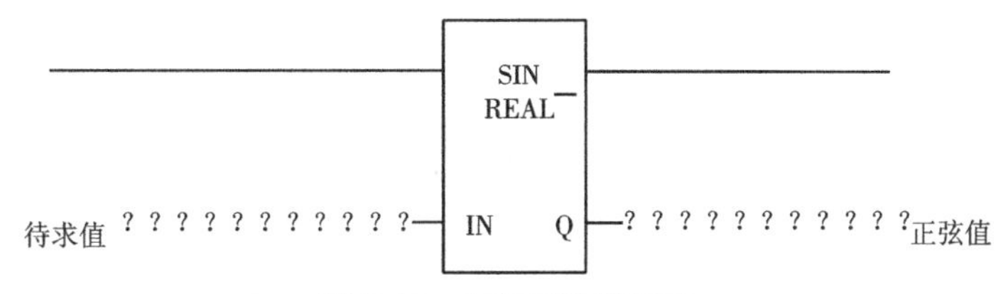

图 5.18　正弦函数梯形图

当 Enabel 端为“1”时（无须上升沿跃变），该指令执行如下操作：

Q =SIN（IN）

正弦函数梯形图输入端、输出端取值范围见表 5.4。

表 5.4　三角函数梯形图输入端、输出端取值范围

三角函数	输入端	输出端
SIN	$-2^{63}<IN<2^{63}$	-1 ≤ Q ≤ 1
COS	-263<IN<263	-1 ≤ Q ≤ 1
TAN	-263<IN<263	- ∞ <Q<+ ∞
ASIN	-1<IN<1	-π/2 ≤ Q ≤ +π/2
ACOS	-1<IN<1	-π/2 ≤ Q ≤ +π/2
ATAN	- ∞ <Q<+ ∞	-π/2 ≥ Q ≥ +π/2

5.3.5　对数与指数(只支持浮点数)

90-70 系列 PLC 提供 LOG、LN、EXP 和 EXPT 四种指令。

LOG 指令梯形图如图 5.19 所示。

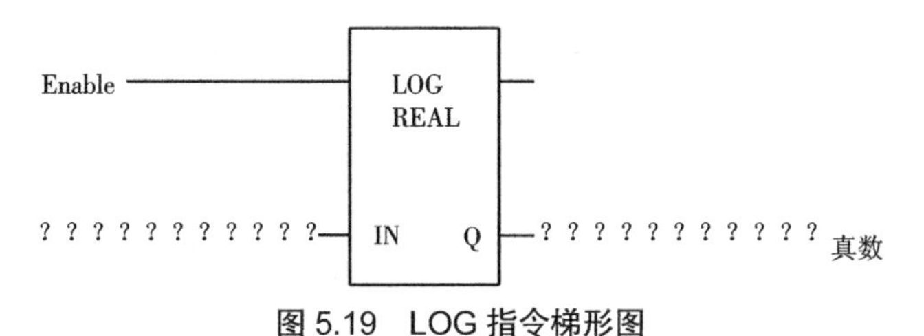

图 5.19　LOG 指令梯形图

当 Enabel 端为“1”时（无须上升沿跃变），该指令执行如下操作：

$Q=LOG_{10}\ IN$

其他指令执行如下操作。

LN：$Q=LN\ IN$

EXP：$Q=e^{IN}$

EXPT（该指令有两个输入端 I1 和 I2）：$Q=I_1^{I2}$

指令的取值范围符合函数的定义域。

5.3.6 角度、弧度的转换（只支持浮点数）

角度值和弧度值的转换梯形图如图 5.20 所示。

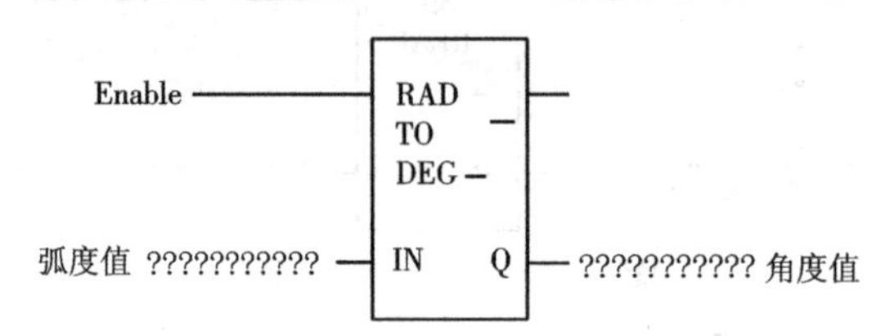

图 5.20 角度值和弧度值的转换梯形图

当 Enabel 端为“1”时（无须上升沿跃变），该指令执行适当的转换（角度转弧度或弧度转角度）。

5.4 比较指令

GE Fanuc PLC 提供的比较指令功能见表 5.5。

表 5.5 GE Fanuc PLC 提供的比较指令功能

Abbreviation	Function	Description
EQ	Equal	Test two numbers for equality
NE	Not Equal	Test two numbers for non-equality
GT	Greater Than	Test for one number greater than another
GE	Greater Than or Equal	Test for one number greater than or equal to another
LT	Less Than	Test for one number less than another
LE	Less Than or Equal	Test for one number less than or equal to another
CMP	Compare	Tes for one number less than, equal to, or greater than another
RANGE	Range	Determine whether a number is within a specifiedrange

5.4.1 普通比较指令

普通比较指令的梯形图及语法基本类似，现以等于指令为例进行介绍。

等于指令梯形图如图 5.21 所示。

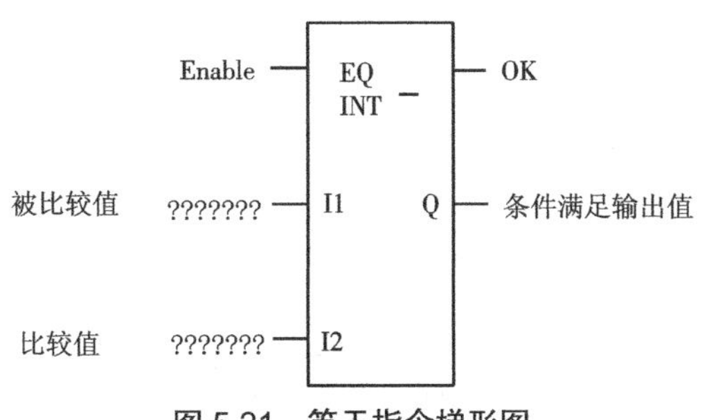

图 5.21　等于指令梯形图

比较 I1 和 I2 的值，如满足指定条件，且当 Enable 端为“1”时（无须上升沿跃变），Q 端置“1”，否则置“0”。

比较指令执行如下比较：I1=I2，I1>I2 等。

当 Enable 端为“1”时，OK 端即为“1”，除非 I1 或 I2 不是数值。

比较指令支持如下数据类型（相同数据类型才能比较）：

（1）INT；

（2）DINT；

（3）REAL；

（4）UNIT。

5.4.2　CMP 指令

CMP 指令梯形图如图 5.22 所示。

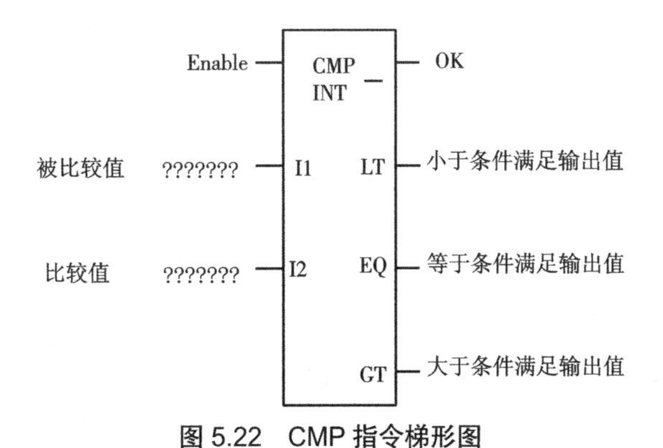

图 5.22　CMP 指令梯形图

比较 I1 和 I2 的值，且当 Enable 为“1”时（无需上升沿跃变），如 I1>I2，GT 端置 1；I1=I2，EQ 端置 1；I1<I2，LT 端置 1。

比较指令执行 I1=I2，I1>I2，I1<I2 比较。

当 Enable 为“1”时，OK 端即为“1”，除非 I1 或 I2 不是数值。

比较指令支持如下数据类型（相同数据类型才能比较）：

（1）INT；

（2）DINT；

(3)REAL;

(4)UNIT,

5.4.3　Range 指令

Range 指令梯形图如图 5.23 所示。

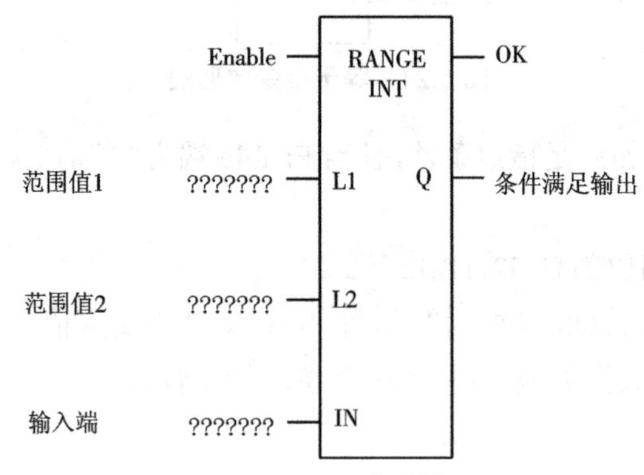

图 5.23　Range 指令梯形图

当 Enable 为“1”时(无须上升沿跃变),该指令比较输入端 IN 是否在 L1 和 L2 所指定的范围内(L1 ≤ IN ≤ L2 或 L2 ≤ IN ≤ L1),如条件满足,Q 端置 1,否则置 0。

当 Enable 端为“1”时,OK 端即为“1”,除非 L1、L2 和 IN 不是数值。

Range 指令支持的数据类型(相同数据类型才能比较):

(1)INT;

(2)DINT;

(3)UNIT;

(4)WORD;

(5)DWORD。

5.5　位操作指令

GE Fanuc PLC 提供的位操作指令功能见表 5.6。

表 5.6　GE Fanuc PLC 提供的位操作指令功能

Abbreviation	Funcition	Description
AND	LogicalAND	If a bit in bit string I1 and the corresponding bit in bit string I2 are both 1, place a 1 in the corresponding location inoutput string Q
OR	Logical OR	If a bit in bit string. I1 and / or the corresponding bit in bit string I2 are both 1, place a 1 in the corresponding location in output string Q
XOR	Logical exclusive OR	If a bit in bit string I1 and the corresponding bit in string I2 are different. place a 1 in the corresponding location in the output bit string

续表

Abbreviation	Funcition	Description
NOT	Logical Invert	Set the state of each bit in out put bit string Q to the opposite state of the corresponding bit in bit string I1
SHL	Shift Left	Shift all the bits in a word or string of words to the left by a specified number of places
SHR	Shift Right	Shift all the bits in a word or string of words to the right by a specified number of places
ROL	Rotate Left	Rotate all the bits in a string a specified number of places to the left
ROR	Rotate Right	Rotate all the bits in a string a specified number of places to the right
BTST	Bit Test	Test a bit within a bit string to determine whether that bit is currently 1 or 0
BSET	Bit Set	Set a bit in a bit string to 1
BCLR	Bit Clear	Clear a bit within a string by setting that bit to 0
BPOS	Bit Position	Locate a bit set to 1 in a bit string
MCMP	Masked Compare	Compare the bits in the first string with the corresponding bits in the second

5.5.1　与、或、非操作指令

与、或、非操作指令格式基本一致，现以与指令为例进行介绍。

与指令梯形图如图 5.24 所示。

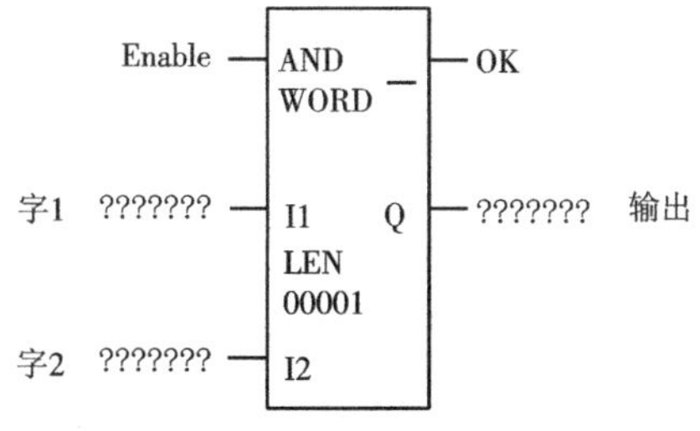

图 5.24　与指令梯形图

在图 5.24 的与指令梯形图中：

（1）Enable 为使能端；

（2）OK 为 OK 端；

（3）I1 为执行与指令的字 1；

（4）I2 为执行与指令的字 2；

（5）Q 为与后的操作结果；

（6）LEN 为执行与指令字的长度（I1、I2 和 Q 指出起始地址，LEN 指出长度）。

当 Enable 端为“1”时（无须上升沿跃变），该指令执行与操作。

与指令功能如图 5.25 所示。

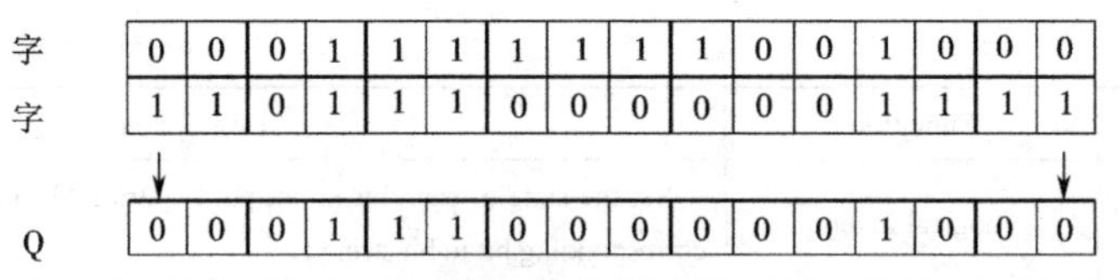

图 5.25　与指令功能

与指令最多对 256 个字(128 个双字)进行与操作。

当 Enable 端为“1”时,OK 端即为“1”。

5.5.2　移位指令(左移、右移指令)

左移指令与右移指令,除了移动的方向不一致外,其余参数都一致,现以左移指令为例进行介绍。

左移指令梯形图如图 5.26 所示。

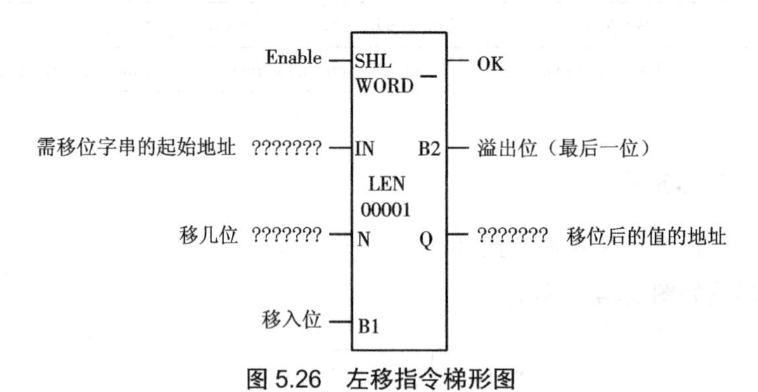

图 5.26　左移指令梯形图

在图 5.26 中:

(1)Enable 为使能端;

(2)OK 为 OK 端;

(3)移几位为移位字串长度;

(4)IN 为需移位字串的起始地址;

(5)移入位(触点)为每次移位移几位(大于 0 小于 LEN);

(6)B1 为移入位(为一继电器触点);

(7)B2 为溢出位(保留最后一个溢出位);

(8)Q 为移位后的值的地址(如要产生持续移位的效果,Q 端与 IN 端的地址应该一致)。

当 Enable 端为“1”时(无须上升沿跃变),该指令执行移位操作,其功能如下。

移位前字串内容如图 5.27 所示。

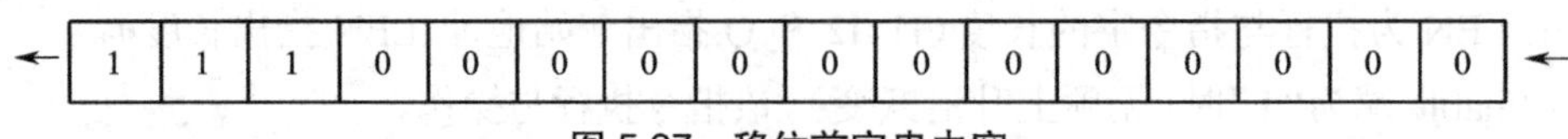

图 5.27　移位前字串内容

执行移位指令如图 5.28 所示。

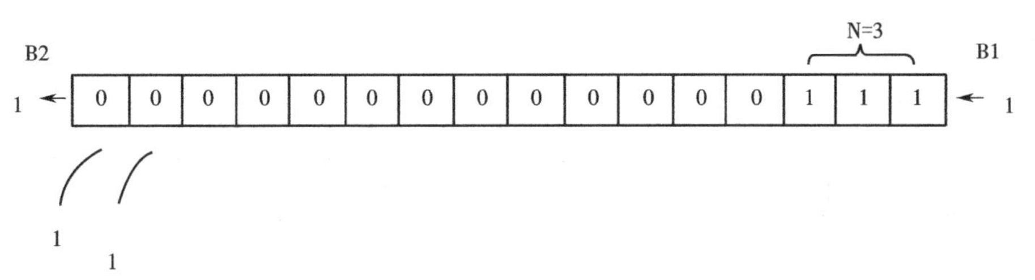

图 5.28　执行移位指令

移位指令各参数取值如下：

IN=Q

B1=ALW_ON=1

B2=%M1

N=3

5.5.3　循环移位指令

循环移位指令分左循环移位指令和右循环移位指令，除了移动的方向不一致外，其余参数都一致，现以左循环移位指令为例进行介绍。

左循环移位指令梯形图如图 5.29 所示。

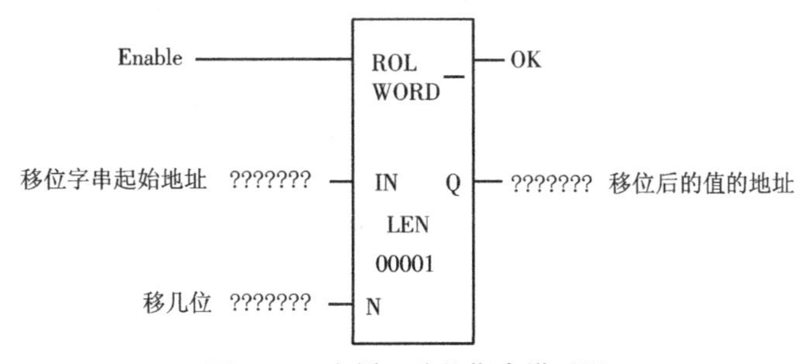

图 5.29　左循环移位指令梯形图

在图 5.29 中：

（1）Enable 为使能端；

（2）OK 为 OK 端；

（3）LEN 为移位字串长度；

（4）IN 为需移位字串的起始地址；

（5）N 为每次移位移几位（大于 0，小于 LEN）；

（6）Q 为移位后的值的地址（如要产生循环移位的效果，Q 端与 IN 端的地址应该一致）。

当 Enable 端为“1”时（无须上升沿跃变），该指令执行移位操作，其功能如下。

移位前字串内容如图 5.30 所示。

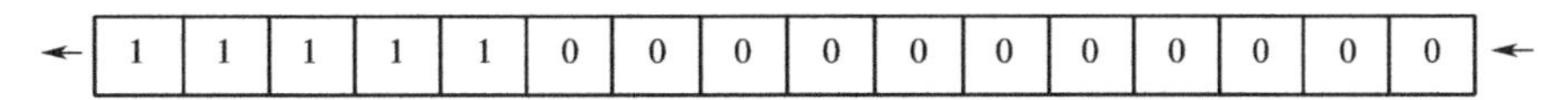

图 5.30　移位前字串内容

执行循环移位指令如图 5.31 所示。

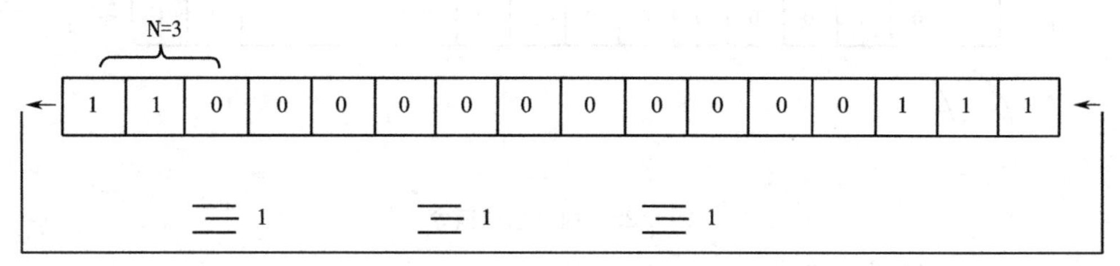

图 5.31　执行循环移位指令

各参数取值如下：

IN=Q

N=3

5.5.4　位测试指令

位测试指令检测字串中指定位的状态，决定当前位是“1”还是“0”，结果输出至“Q”。位测试指令梯形图如图 5.32 所示。

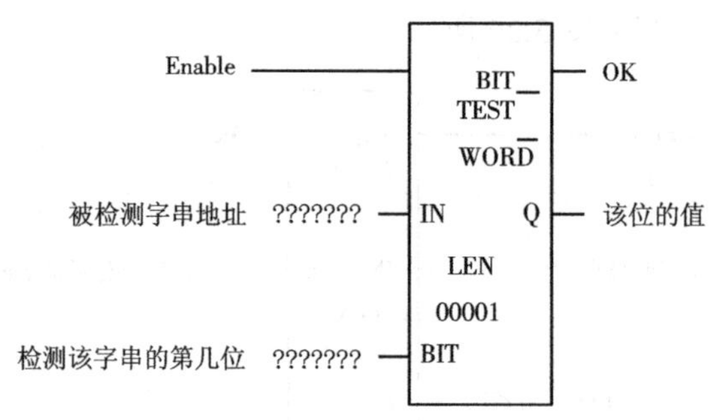

图 5.32　位测试指令梯形图

在图 5.32 中：

(1)Enable 为使能端；

(2)IN 为被检测字串地址；

(3)BIT 为检测该字串的第几位；

(4)Q 为该位的值，“0”或“1”。

当 Enable 为“1”时(无须上升沿跃变)，该指令执行过程如图 5.33 所示。

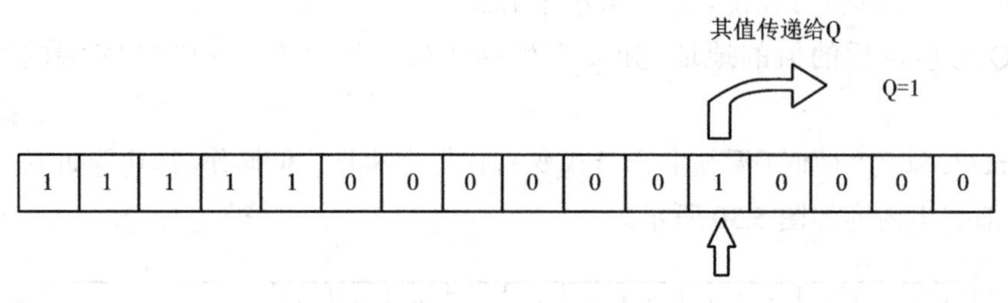

图 5.33　位测试指令执行过程

在图 5.33 中，BIT=5。

5.5.5　位置位(BSET)与位清零(BCLR)指令

位置位与位清零指令，功能相反，但参数一致，现以位置位指令为例进行介绍。

位置位指令梯形图如图 5.34 所示。

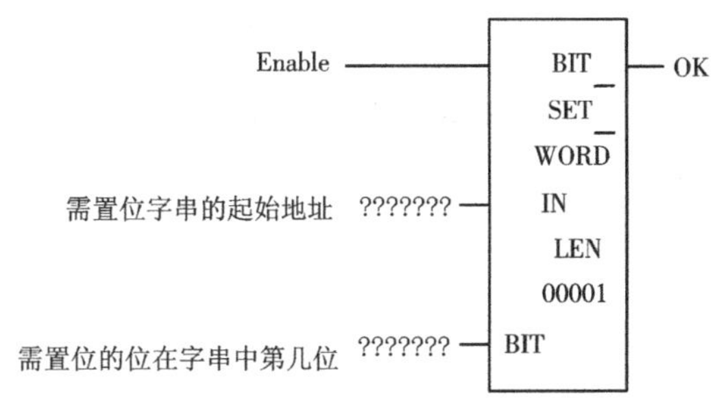

图 5.34　位置位指令梯形图

在图 5.34 中：

（1）Enable 为使能端；

（2）IN 为需置位字串的起始地址；

（3）BIT 为需置位的位在字串中第几位。

当 Enable 为“1”时（无须上升沿跃变），该指令执行过程如图 5.35 所示。

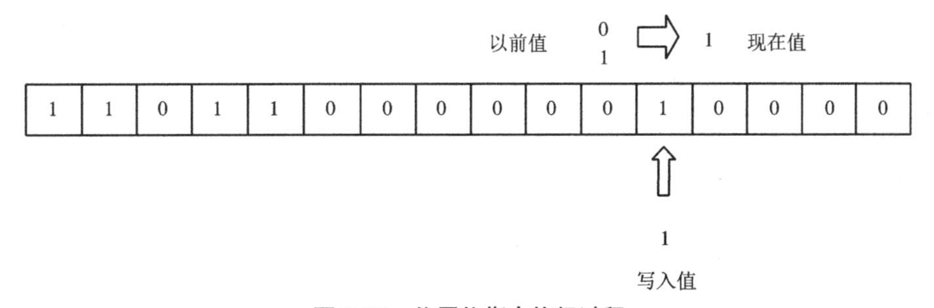

图 5.35　位置位指令执行过程

在图 5.35 中，BIT=5。

5.5.6　定位指令(BPOS)

定位指令搜寻指定字串第一个为“1”的位的位置。

定位指令梯形图如图 5.36 所示。

图 5.36　定位指令梯形图

在图 5.36 中：

(1)Enable 为使能端；

(2)Q 为当被搜寻字串为一非零字串时，置 1；

(3)POS 为该字串中，第一个为“1”的位的位置。

当 Enable 为“1”时(无须上升沿跃变)，该指令执行过程如图 5.37 所示。

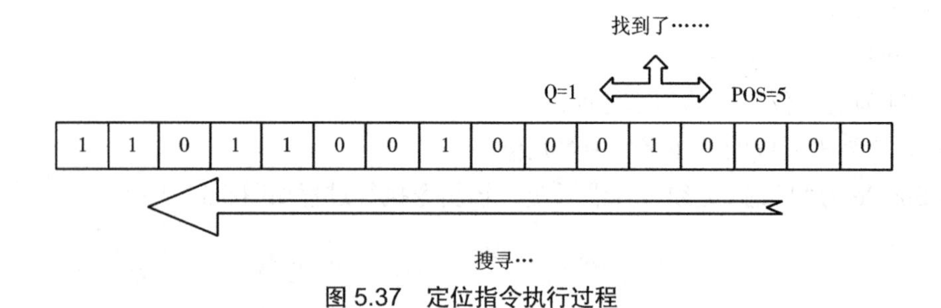

图 5.37　定位指令执行过程

如果没有找到“1”，则 Q=0，POS=0。

5.5.7　屏蔽比较指令(MSKCMP)

屏蔽比较指令比较两个字串相应的每个位的值是否一致。

屏蔽比较指令梯形图如图 5.38 所示。

在图 5.38 中：

(1)Enable 为使能端；

(2)I1 为被比较字串 1；

(3)I2 为被比较字串 2；

(4)M 为屏蔽位(当两个字串不相等时，把该地址相对应的位置 1)；

(5)BIT 为指出下一次比较开始的位的地址(一般和“BN”使用相同的地址)

(6)MC 为当两个字串不相等时，置 1；

(7)Q 为与“M”的值相等；

(8)BN 为当两个字串不相等时，表示上一次比较结束的位的位置(一般和“BIT”使用相同的地址)

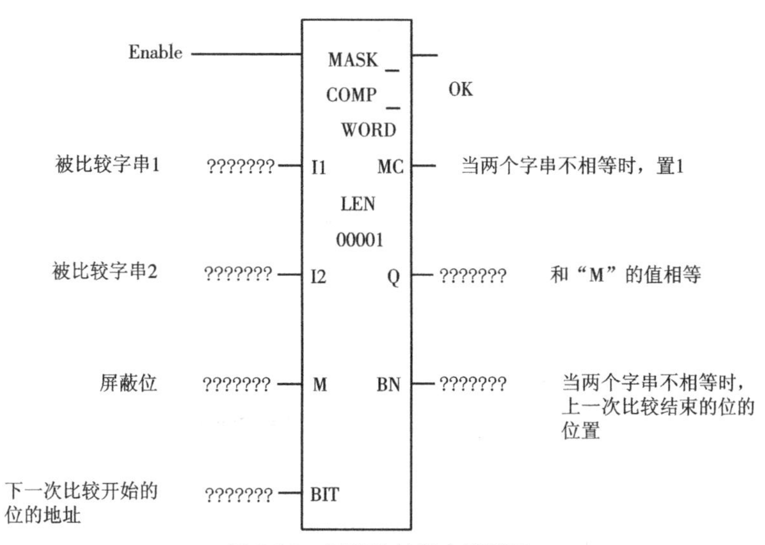

图 5.38　屏蔽比较指令梯形图

当 Enable 为“1”时(无须上升沿跃变)，该指令执行过程如图 5.39 所示。

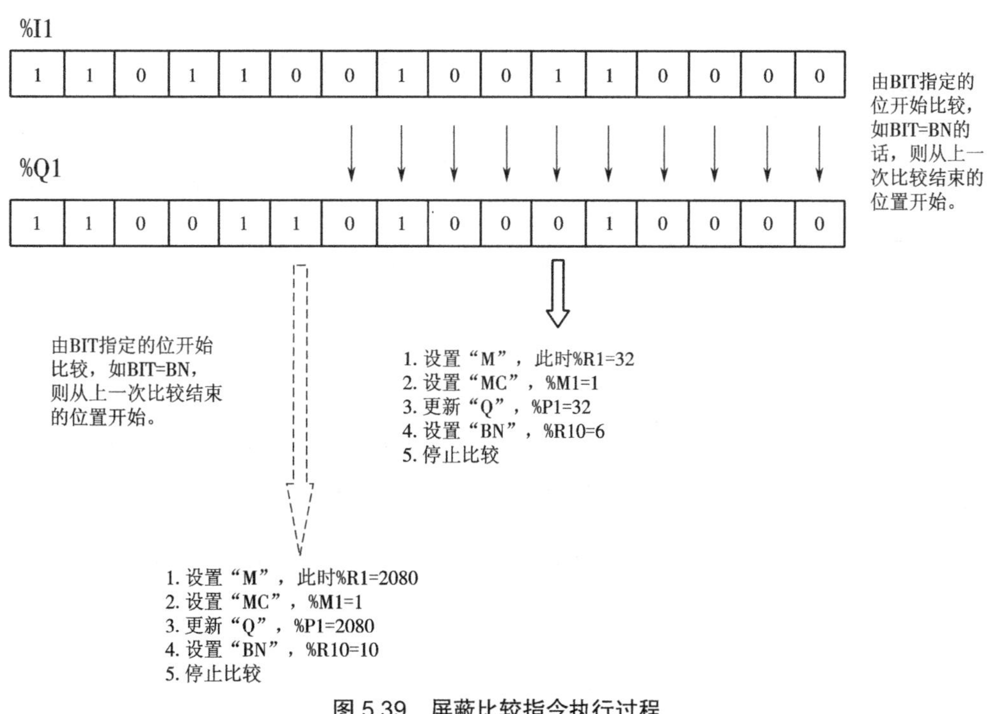

图 5.39　屏蔽比较指令执行过程

屏蔽比较指令的参数地址如下：

I1=%I1

I2=%Q1

M= %R1

BIT=%R10

MC=%M1

Q=%P1

BN=%R10

其屏蔽位在两次比较后的结果如图 5.40 所示。

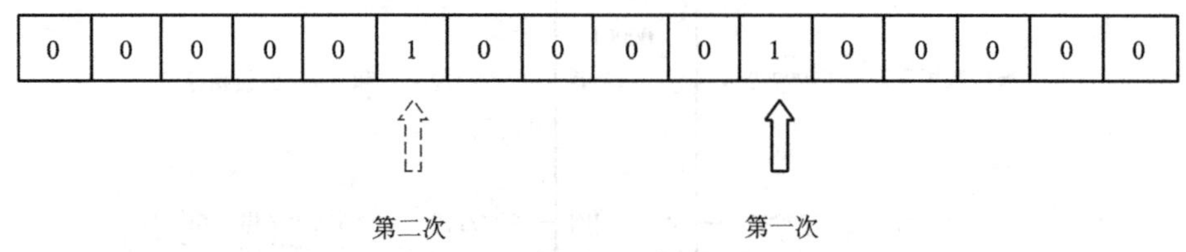

图 5.40　屏蔽位在两次比较后的结果

如两个字串完全相等,则 M=0;BN=16(字长)。

5.6　数据移动指令

GE Fanuc PLC 提供的数据移动指令功能见表 5.7。

表 5.7　GE Fanuc PLC 提供的数据移动指令功能

Abbreviation	Function	Description
MOVE	Move	Copy data as individual bits. The maximum length allowed is 32 767. except for MOVE_BIT which is 256 bits. Data can be moved into a different data type without pri-orconversion
BLKMOV	Block Move	Copy a block of seven constants to a specifiedrnemory location. The constants are input as part of the function
BLKCLR	Block Clear	Replace the content of a block of data with all zeros. This function can be used to clear and area of bit (%I, %Q, %M, %G, or %T) or word (%R, %P, %L, %AI, or %AQ) memo-ry. The maximum length allowed is 256 words
SHFR	Shift Register	Shift one o rmore data words into a table. The maximum length allowed is 256 words
BITSEQ	Bit Sequencer	Perform a bit sequence shift through an array of bits. The maximum length. allowed is 256 words
SWAP	Swap	Swap two bytes of data within a word, or two words within a double word. The maxi-mum length allowed is 256 words
COMMREQ	Communications Request	Allow the program to communicate with an intelligent module, such as a Bus Controller. Programmable Coprocessor Module. or Subnet Module

5.6.1　数据移动指令(MOVE)

数据移动指令可以将数据从一个存储单元复制到另一个存储单元。由于数据是以位的格式复制的,所以新的存储单元无须与原存储单元具有相同的数据类型。

数据移动指令梯形图如图 5.41 所示。

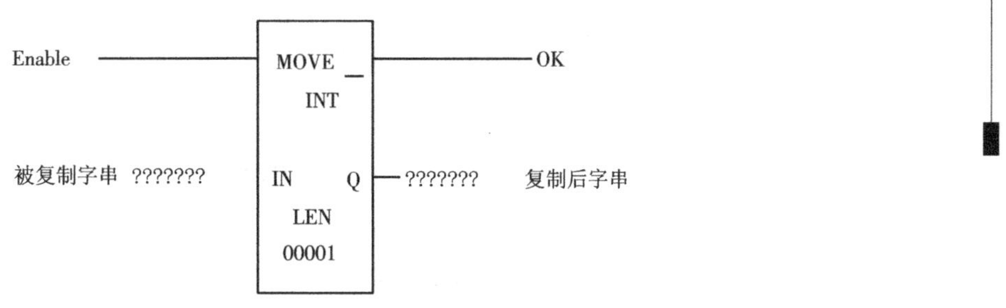

图 5.41　数据移动指令梯形图

在图 5.41 中：

（1）Enable 为使能端；

（2）IN 为被复制字串；

（3）Q 为复制后字串；

（4）LEN 为字串长度。

当 Enable 端为“1”时（无须上升沿跃变），该指令执行过程如图 5.42 所示。

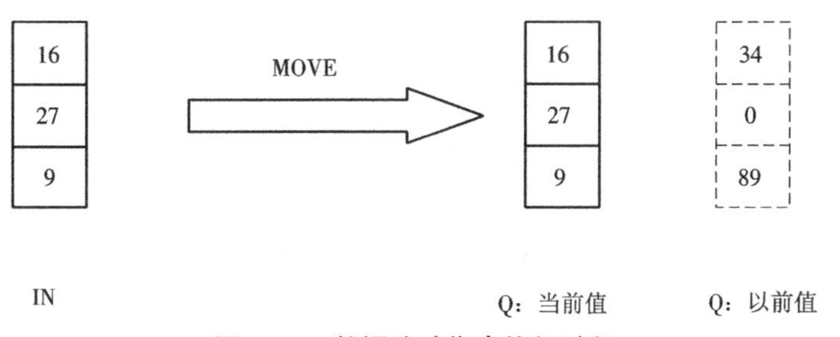

图 5.42　数据移动指令执行过程

数据移动指令支持以下数据类型：

（1）INT；

（2）UINT；

（3）DINT；

（4）BIT；

（5）WORD；

（6）DWORD；

（7）REAL。

5.6.2　块移动指令

块移动指令可将七个常数复制到指定的存储单元。

块移动指令梯形图如图 5.43 所示。

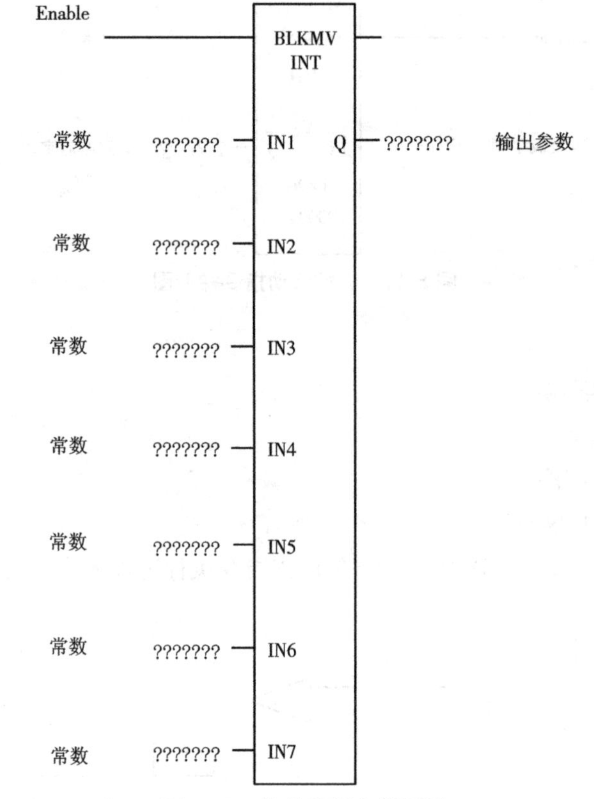

图 5.43　块移动指令梯形图

在图 5.43 中：

(1)Enable 为使能端；

(2)IN1~IN7 为七个常数；

(3)Q 为输出参数。

当 Enable 为“1”时(无须上升沿跃变)，该指令执行过程如图 5.44 所示。

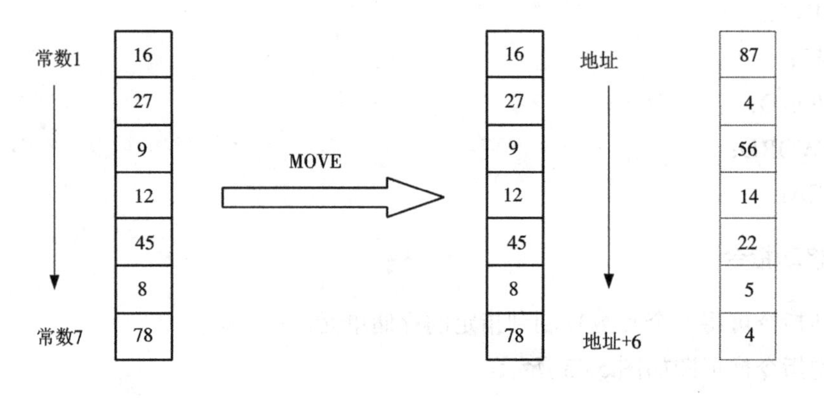

图 5.44　块移动指令执行过程

块移动指令支持以下数据类型：

（1）INT；

（2）WORD；

（3）REAL。

5.6.3　块清零指令（BLKCLR）

块清零指令对指定的地址区清零。

块清零指令梯形图如图 5.45 所示。

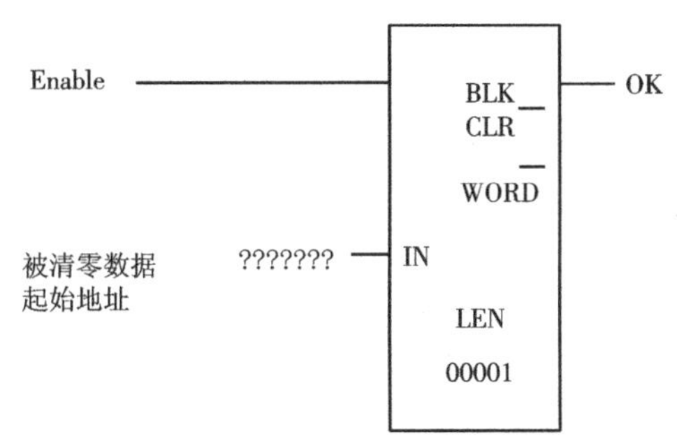

图 5.45　块清零指令梯形图

在图 5.45 中：

（1）Enable 为使能端；

（2）IN 为被清零地址区的起始地址；

（3）LEN 为被清零地址区的长度。

当 Enable 端为“1”时（无须上升沿跃变），该指令执行过程如图 5.46 所示。

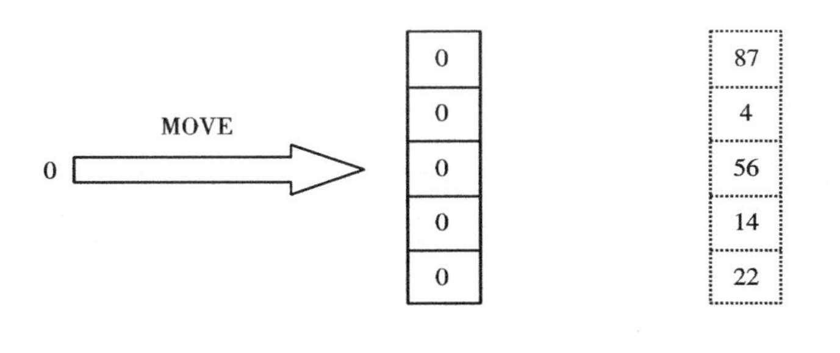

图 5.46　块清零指令执行过程

块清零指令支持数据类型为 WORD。

5.6.4　移位寄存器指令（SHFR）

移位寄存器指令将一个或多个数据字或数据位从一个给定存储单元移位到存储器的指定单元。

移位寄存器指令梯形图如图 5.47 所示。

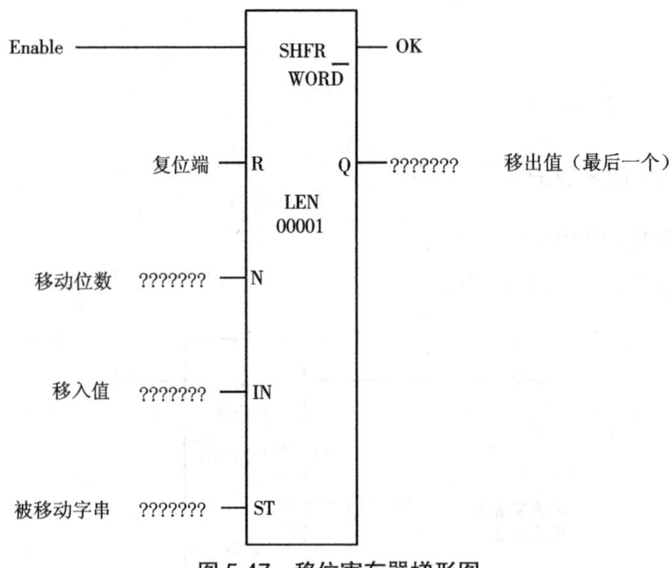

图 5.47　移位寄存器梯形图

在图 5.47 中：

（1）Enable 为使能端；

（2）R 为复位端（该指令为复位优先指令）；

（3）N 为移入移位字串的值；

（4）ST 为移位字串的起始地址；

（5）Q 为保存移出移位字串的最后一个值；

（6）LEN 为移位字串的长度（1~256）。

当 Enable 为“1”时（无须上升沿跃变），该指令执行过程如图 5.48 所示。

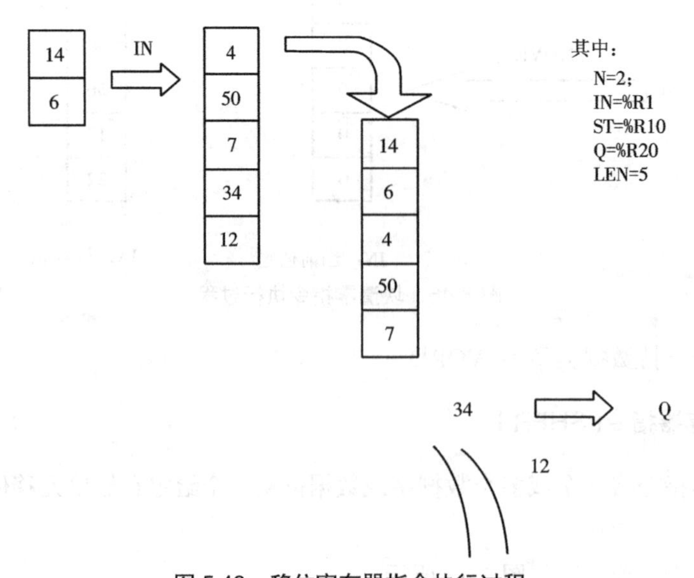

图 5.48　移位寄存器指令执行过程

当复位端为“1”时，所有移位字串被清零。

移位寄存器指令支持以下数据类型：

（1）BIT；

（2）WORD。

5.6.5　位序列指令（BITSEQ）

位序列指令为时序移位指令，每个位序列指令占用三个连续寄存器。

位序列指令梯形图如图 5.49 所示。

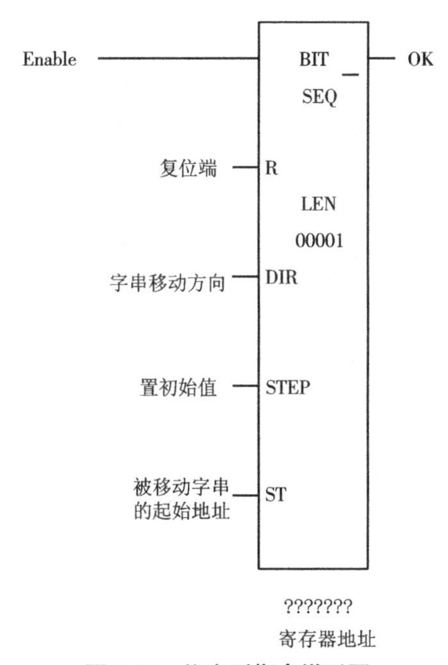

图 5.49　位序列指令梯形图

在图 5.49 中：

（1）Enable 为使能端；

（2）R 为复位端（该指令为复位优先）；

（3）DIR 为字串移动方向（=1 向左移，=0 向右移）；

（4）STEP 为定义被整个移位字串开始移位的初始位，当复位端为“1”时，该位置 1；

（5）ST 为被移位字串的起始地址；

（6）LEN 为被移位字串的长度。

当 Enable 为“1”时（需上升沿跃变），该指令执行过程如图 5.50 所示。

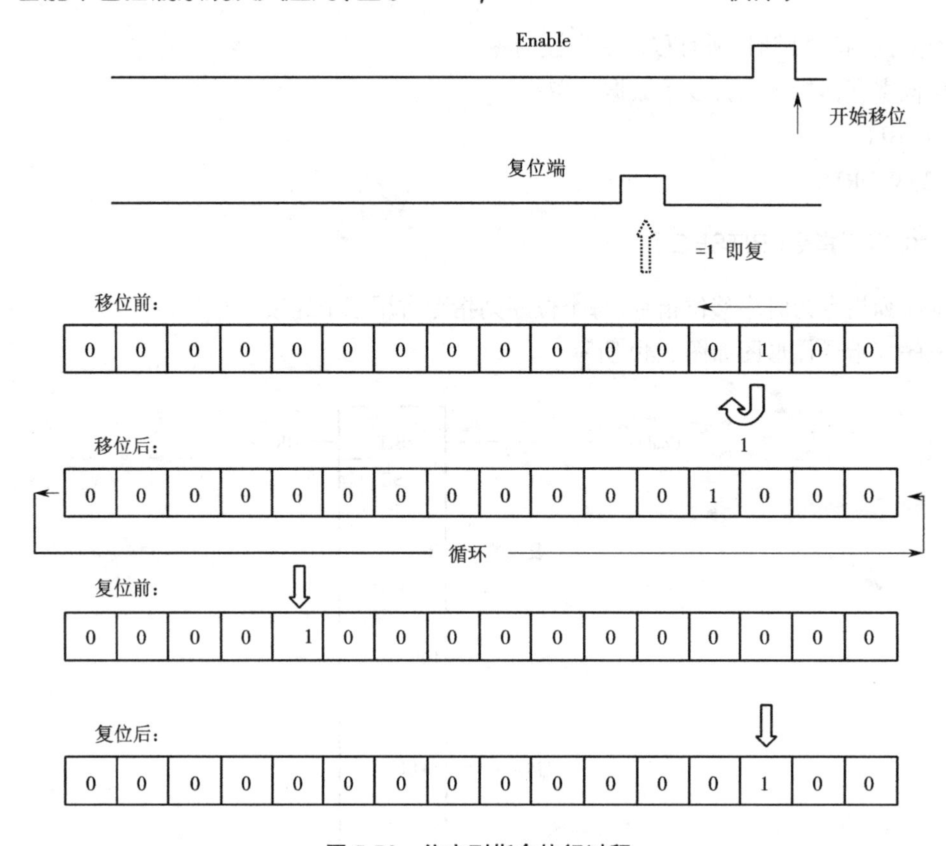

图 5.50 位序列指令执行过程

在图 5.50 中,DIR=1;STEP=3; LEN=16。

位序列指令支持数据类型为 BIT。

5.6.6 翻转指令(SWAP)

翻转指令翻转一个字中高字节与低字节的位置或一个双字中两个字的前后位置。

翻转指令梯形图如图 5.51 所示。

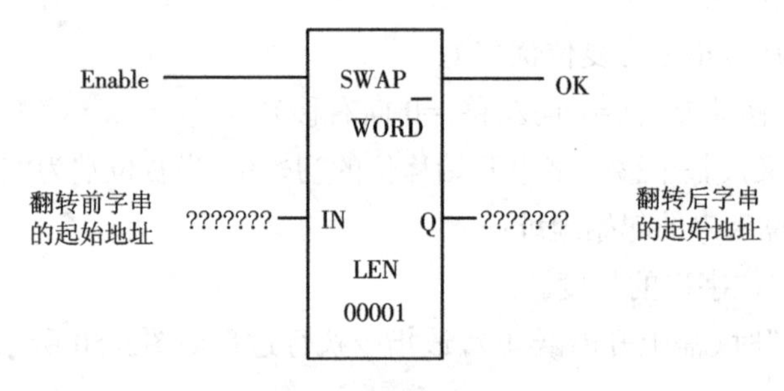

图 5.51 翻转指令梯形图

在图 5.51 中:

(1)Enable 为使能端;

(2)IN 为翻转前字串的起始地址;

（3）Q 为翻转后字串的起始地址；

（4）LEN 为字串长度。

当 Enable 为“1”时（无须上升沿跃变），该指令执行过程如图 5.52 所示。

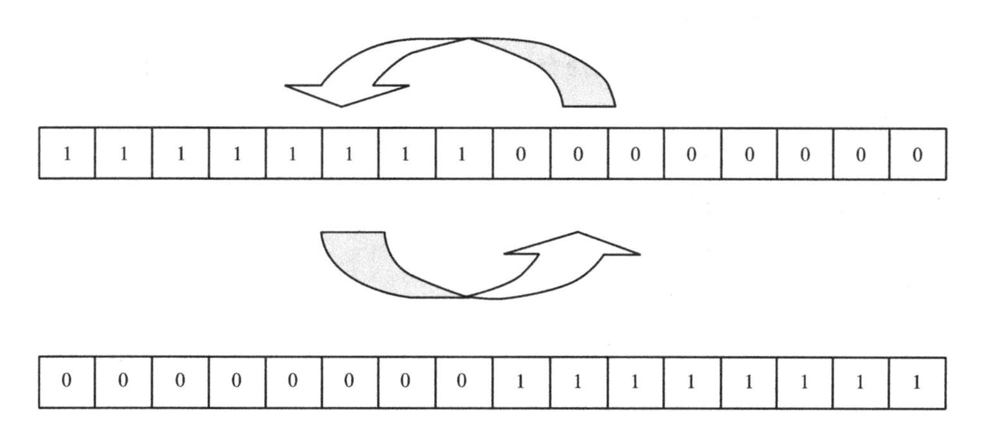

图 5.52　翻转指令执行过程

翻转指令支持以下数据类型：

（1）WORD；

（2）DWORD。

5.6.7　通信指令（COMMREQ）

当 CPU 需要读取智能模块的数据时，就使用通信指令。

通信指令梯形图如图 5.53 所示。

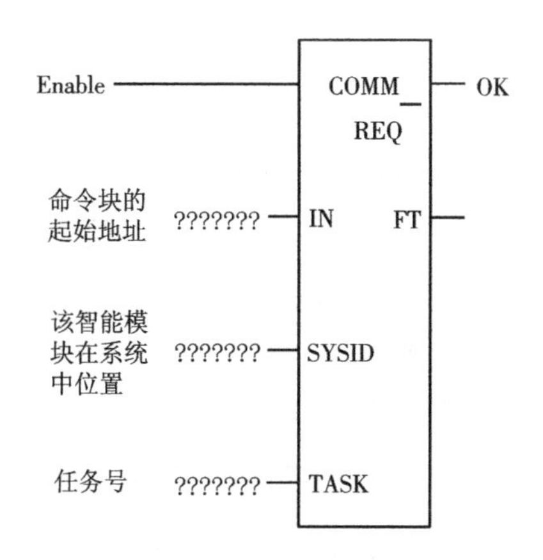

图 5.53　通信指令梯形图

图 5.53 中：

（1）Enable 为使能端；

（2）IN 为命令块的起始地址；

（3）SYSID 为该智能模块在系统中的位置，高八位指出模块所在机架号，低八位指出模

块所在槽号;

(4)TASK 为指出本指令的作用。

通信指令 Enable 端是长信号还是短信号,取决于不同的智能模块。该指令包含命令块和数据块,其参数都在这两个块中设定。在数据块中,各种智能模块大都有自己的参数,不尽相同,其长度最长可到 127 个字;而命令块则大致相同,其命令块中格式如下。

地址:数据块的长度。

地址 +1:等待 / 不等待标志。

地址 +2:状态指针存储器。

地址 +3:状态指针偏移量。

地址 +4:闲置超时值。

地址 +5:最长通信时间。

5.6.8 VME 指令

VME 指令是一组访问 VME 总线的指令,可以读写 VME 总线上的数据。(90-70 系列 PLC 采用开放的 VME 总线结构,凡是符合 VME 总线标准的模块都可以插在 90-70 系列 PLC 的机架上,通过这一组指令来访问它们)

GE Fanuc PLC 提供的 VME 指令功能见表 5.8。

表 5.8 GE PANUC PLC 提供的 VME 指令功能

VMERD	VME Read	Read data from the VME backplane. The maximum legthallowed is 32,767
VMEWRT	VME Write	Write data to the VME backplane. The maximum lengthallowed is 32.767
VMERMW	VMB Read / Modify / Wite	Update a data element using the read / modify / writecy cleon the VME bys
VMETST	VME Test and Set	Handle semaphores on the VME bus
VME_CFG_RD	VME Configuration Read	Read the configuration for a VME module
VME_CFG_WRT	VME Configuration Write	Write the configuration to a VME module
DATA_INIT	Data Initialization	Copy a block of constant data to a reference range
DATA_INIT_COMM	Data Initialize Communi-caltions Request	Initialize a COMMREQ function with a block of constant data. The length should equal the size of the COMMREQ function's entire command block
DATA_INIT_ASCII	Data Initialize ASCII	Copy a block of constant ASCII text to a reterence range. The length must be an even number

(1)VMERD 为 VME 读指令,功能是读取 VME 总线上的数据。

(2)VMEWRT 为 VME 写指令。

(3)VMERMW 为 VME 读出 / 修改 / 写入指令。

(4)VMETST 为 VME 测试 / 置位指令。

5.6.9　数据初始化指令(DATA_INIT)

数据初始化指令定义寄存器地址的数据类型，没有实际的编程功能，但提供很强的调试功能。在首次编程时，其值被初始化为“1”。

数据初始化指令梯形图如图 5.54 所示。

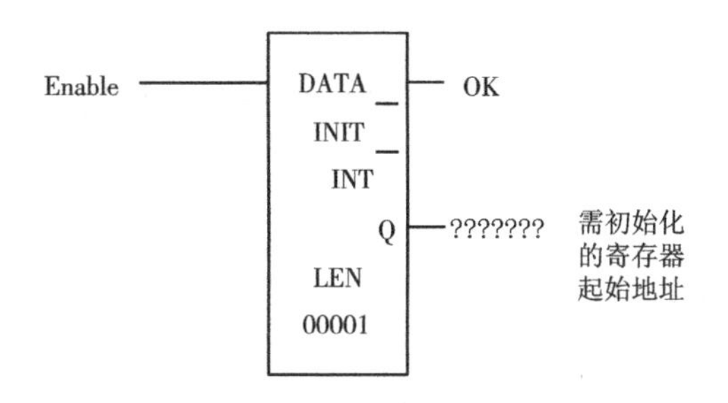

图 5.54　数据初始化指令梯形图

在图 5.54 中：

（1）Enable 为使能端；

（2）Q 为需初始化的寄存器起始地址；

（3）LEN 为寄存器长度。

当 Enable 端为“1”时（无须上升沿跃变），该指令按照相应的数据格式初始化寄存器数据类型。其常数值输入如下：

（1）LM90，光标移至该指令上，按“F10”键，然后按照屏幕格式输入数据。

（2）Cimplicity Control，双击该指令，根据屏幕格式输入数据。

数据初始化指令支持以下数据类型：

（1）INT；

（2）DINT；

（3）UINT；

（4）WORD；

（5）DWORD；

（6）REAL。

5.6.10　通信数据初始化指令(DATA_INIT_COMM)

通信数据初始化指令可以初始化 COMMREQ 指令的数据。

通信数据初始化指令梯形图如图 5.55 所示。

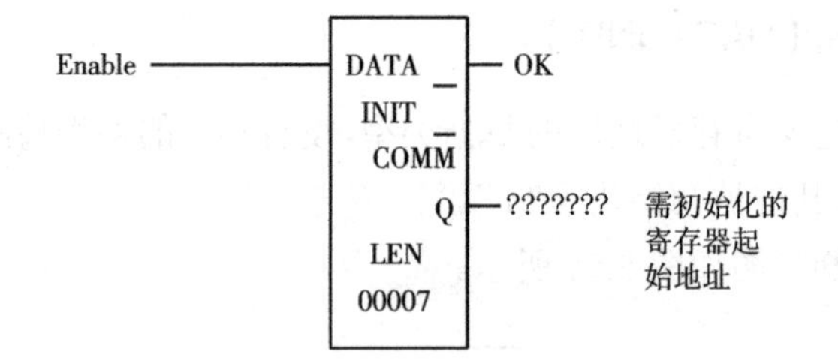

图 5.55　通信数据初始化指令梯形图

在图 5.55 中：

(1)Enable 为使能端；

(2)Q 为需初始化的寄存器起始地址；

(3)LEN 为寄存器长度。

当 Enable 端为“1”时(无须上升沿跃变)，该指令根据 COMMREQ 的数据格式初始化寄存器数据。其值输入如下：

(1)LM90，光标移至该指令上，按“F10”键，然后按照屏幕格式输入数据。

(2)Cimplicity Control，双击该指令，根据屏幕格式输入数据。

另外数据初始化指令还包括 DATA_INIT_ASCII 指令，其功能与以上两种指令类似。

5.7　数据表格指令

GE Fanuc PLC 提供的数据移动指令功能见表 5.9。

表 5.9　GE Fanuc PLC 提供的数据移动指令功能

Abbreviation	Function	Description
TBLRD	Table Read	Copy a value from a specified table location to an output reference
TBLWR	Table Write	Copy a value from an input reference to a specified table location
LIFORD	LIF Read	Remove the entry at the pointer location, and decrement the pointer by one. LIFORD is used in conjunction with LIFOWRT (see below)
LIFOWRT	LIFO Write	Increment the table podnter and write data to the table. LIFOWRT is used in conjunction with LIFORD (see above)
FIFORD	FIFO Read	Remove the entry at the bottom of the table, and decrement the pointer by one. FIFORD is used in conjunction with FIFOWRT (see below)
FIFOWRT	FIFO Write	Increment the table pointer and write data to the table. FIFOWRT is used in conjunction with FIFORD (see above)
SORT	Sort	Sort and array in ascending order
ARRAY_MOVE	Array Move	Copy a specified number of data elements from a source array to a destination array
SRCH_EQ	Search Equal	Search for all array values equal to a specified value
SRCH_NE	Search Not Equal	Search for all array values not equal to a specified value

续表

Abbreviation	Function	Description
SRCH_GT	Search Greater Than	Search for all array values grearter than a specifled value
SRCH_GE	Search Greater Than or Equal	Search for all array values greater than or equal to a specified value
SRCH_LT	Search Less Than	Search for all array values less than a specifled value
SRCH_LE	Search Less Than or Equal	Search for all array values less than or equal to a specifiedvalue
ARRAY_RANGE	Array Bange	Determing if a value is between the range specified in two tables

这些指令提供数据自动移动的功能,用于向数据表中输入数据或从表中拷贝出数据。对数据表指针的正确使用,是掌握该组指令的要点。

表中数据移入移出的基本形式如图 5.56 所示

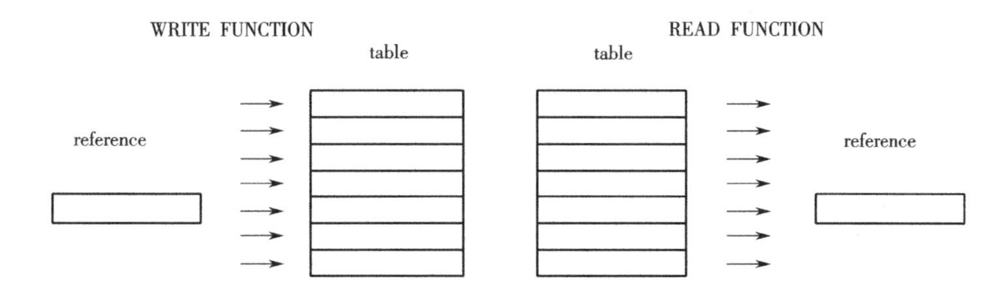

表 5.56　表中数据移入移出的基本形式

5.7.1　表读出指令(TBLRD)

表读出指令用来顺序地读出一个表中的值。

表读出指令梯形图如图 5.57 所示。

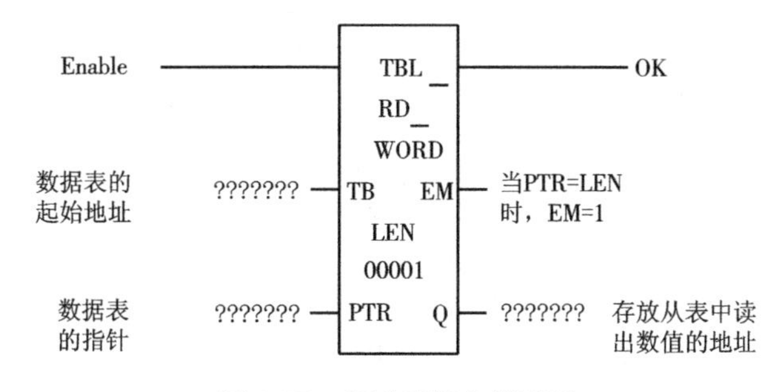

图 5.57　表读出指令梯形图

在图 5.57 中:

(1)Enable:使能端;

(2)TB 为数据表的起始地址;

(3)PTR 为数据表的指针;

(4)EM 为当 PTR=LEN 时,EM=1;

(5)Q 为存放从表中读出数值的地址;

(6)LEN 为数据表的长度。

当 Enable 为“1”时(无须上升沿跃变),该指令执行过程如图 5.58 所示。

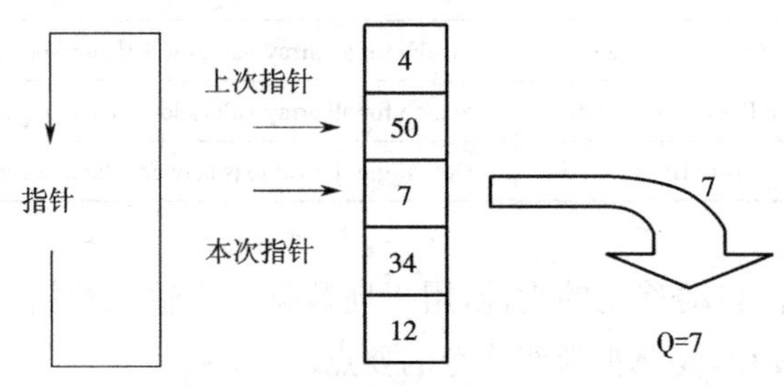

图 5.58 表读出指令执行过程

表读出指令支持以下数据类型:

(1)INT;

(2)UINT;

(3)DINT;

(4)WORD;

(5)DWORD。

5.7.2 表写入指令(TBLWRT)

表写入指令用于连续更新数据表中的数据。

表写入指令梯形图如图 5.59 所示。

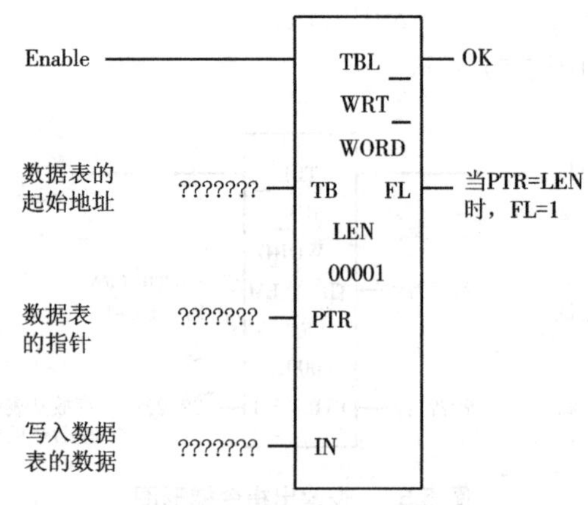

图 5.59 表写入指令梯形图

图 5.59 中:

(1)Enable 为使能端;

(2)TB 为数据表的起始地址;

（3）PTR 为数据表的指针；

（4）IN 为写入数据表的数据；

（5）FL 为当 PTR=LEN 时，FL=1。

当 Enable 为“1”时（无须上升沿跃变），该指令执行过程如图 5.60 所示。

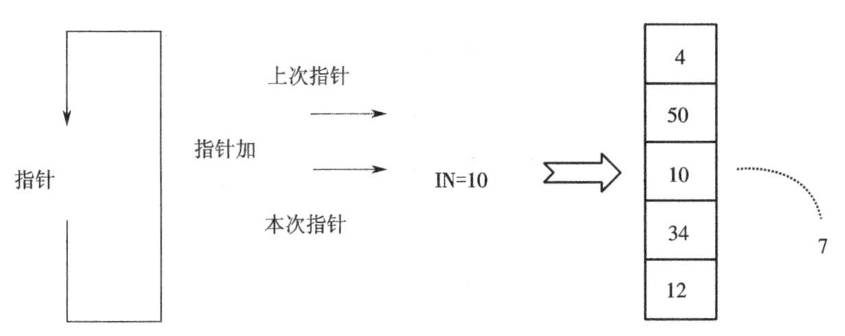

图 5.60　表写入指令执行过程

表写入指令支持以下数据类型：

（1）INT；

（2）UINT；

（3）DINT；

（4）WORD；

（5）DWORD。

5.7.3　堆栈指令

堆栈指令分为读指令（LIFORD）和写指令（LIFOWRT）。这两条指令一般同时使用。

1）堆栈读指令（LIFORD）

堆栈读指令梯形图如图 5.61 所示。

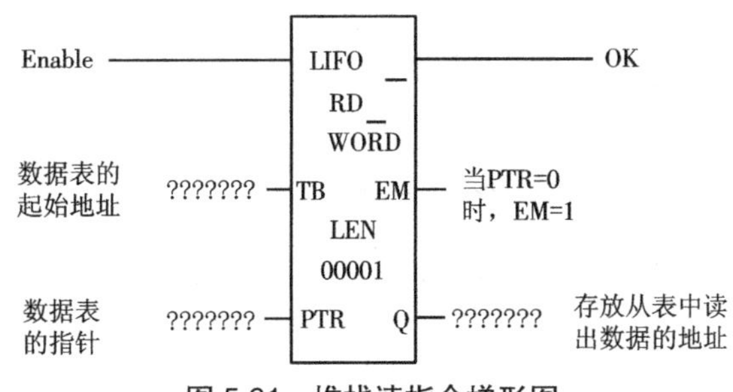

图 5.61　堆栈读指令梯形图

在图 5.61 中：

（1）Enable 为使能端；

（2）TB 为数据表的起始地址；

（3）PTR 为数据表的指针；

（4）EM 为当 PTR=0 时，EM=1；

(5)Q 为存放从表中读出数据的地址;

(6)LEN 为数据表的长度。

当 Enable 为“1”时(无须上升沿跃变),该指令执行过程如图 5.62 所示。

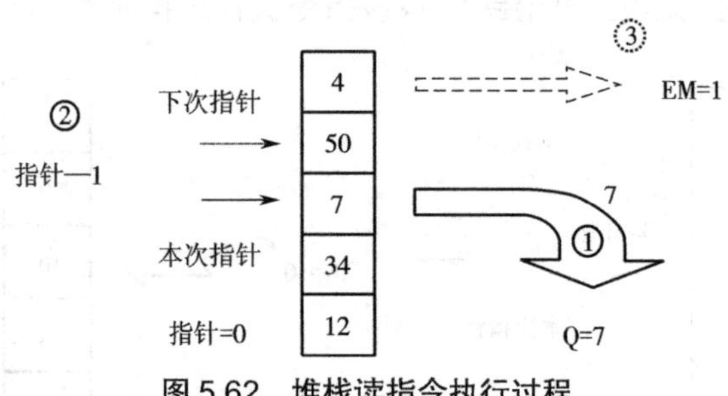

图 5.62　堆栈读指令执行过程

堆栈读指令支持以下数据类型:

(1)INT;

(2)UINT;

(3)DINT;

(4)WORD;

(5)DWORD。

2)堆栈写指令(LIFOWRT)

堆栈写指令梯形图如图 5.62 所示。

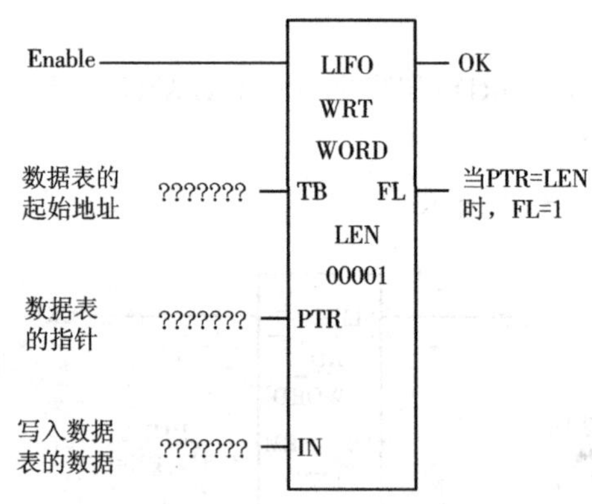

图 5.63　堆栈写指令梯形图

在图 5.63 中:

(1)Enable 为使能端;

(2)TB 为数据表的起始地址;

(3)PTR 为数据表的指针;

(4)IN 为写入数据表的数据;

(5)FL 为当 PTR=LEN 时,FL=1;

(6)LEN 为数据表的长度。

当 Enable 端为“1”时（无须上升沿跃变），该指令执行过程如图 5.64 所示。

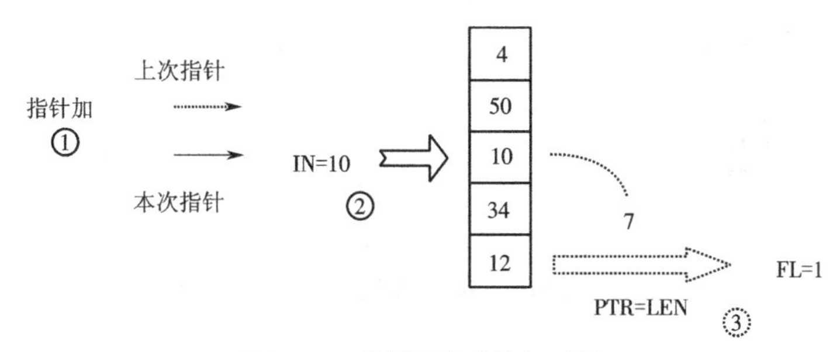

图 5.64　堆栈写指令执行过程

堆栈写指令支持以下数据类型：

（1）INT；

（2）UINT；

（3）DINT；

（4）WORD；

（5）DWORD。

5.7.4　队列指令

队列指令分为读指令（FIFORD）和写指令（FIFOWRT）。这两条指令一般同时使用。

1）队列读指令（FIFORD）

队列读指令梯形图如图 5.65 所示。

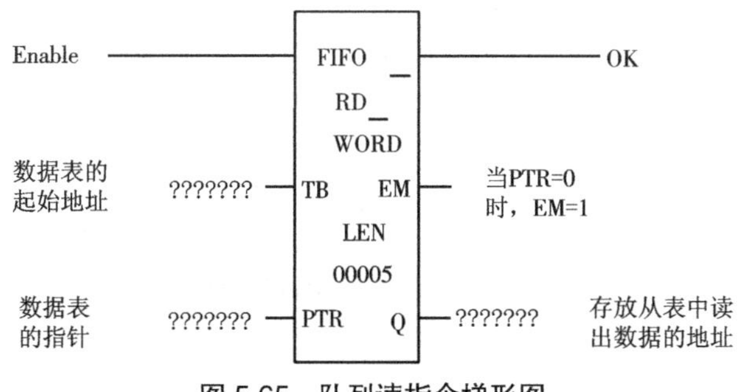

图 5.65　队列读指令梯形图

图 5.56 中：

（1）Enable 为使能端；

（2）TB 为数据表的起始地址；

（3）PTR 为数据表的指针；

（4）EM 为当 PTR=0 时，EM=1；

（5）Q 为存放从表中读出数据的地址；

（6）LEN 为数据表的长度。

当 Enable 为“1”时（无须上升沿跃变），该指令执行过程如图 5.66 所示。

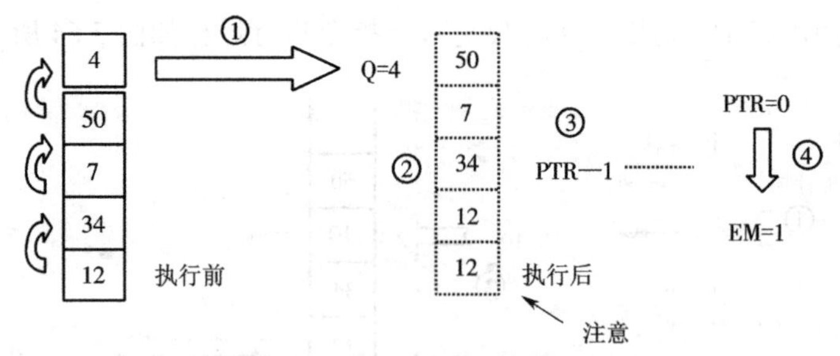

图 5.66 队列读指令的执行过程

队列读指令支持以下数据类型：

(1)INT;

(2)UINT;

(3)DINT;

(4)WORD;

(5)DWORD。

2)队列写指令(FIFOWRT)

队列写指令梯形图如图 5.67 所示。

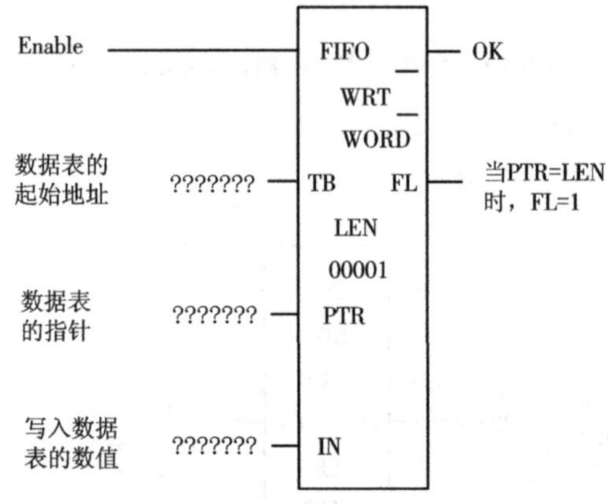

图 5.67 队列写指令梯形图

在图 5.67 中：

(1)Enable 为使能端;

(2)TB 为数据表的起始地址;

(3)PTR 为数据表的指针;

(4)IN 为写入数据表的数据;

(5)FL 为当 PTR=LEN 时，FL=1;

(6)LEN 为数据表的长度。

当 Enable 端为“1”时(无须上升沿跃变)，该指令执行过程如图 5.68 所示。

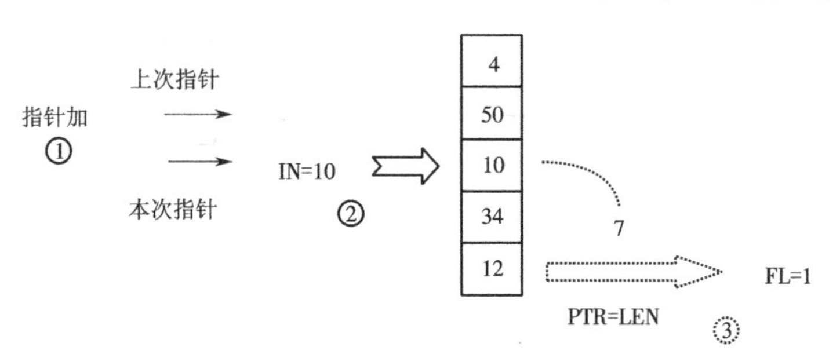

图 5.68　队列写指令执行过程

队列写指令支持以下数据类型

（1）INT；

（2）UINT；

（3）DINT；

（4）WORD；

（5）DWORD。

5.7.5　排序指令（SORT）

排序指令把一个数组中的数据按升序方式排列。

排序指令梯形图如图 5.69 所示。

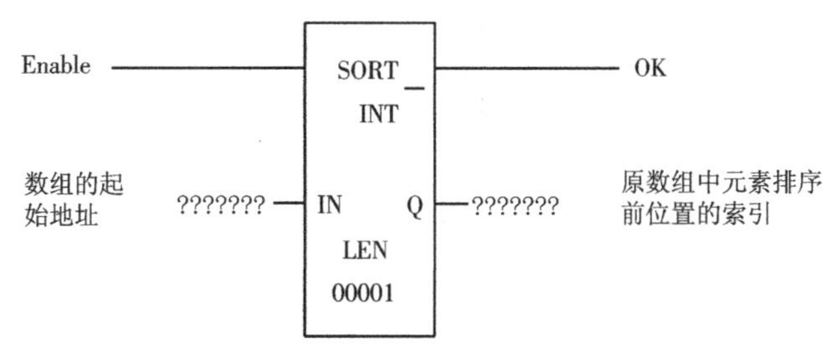

图 5.69　排序指令梯形图

图 5.69 中：

（1）Enable 为使能端；

（2）IN 为数组的起始地址，程序执行后，其元素按升序方式也存放在该地址中；

（3）Q 为原数组中元素排序前位置的索引；

（4）LEN 为数组长度（小于等于 64）。

当 Enable 为“1”时（无须上升沿跃变），该指令执行过程如图 5.70 所示。

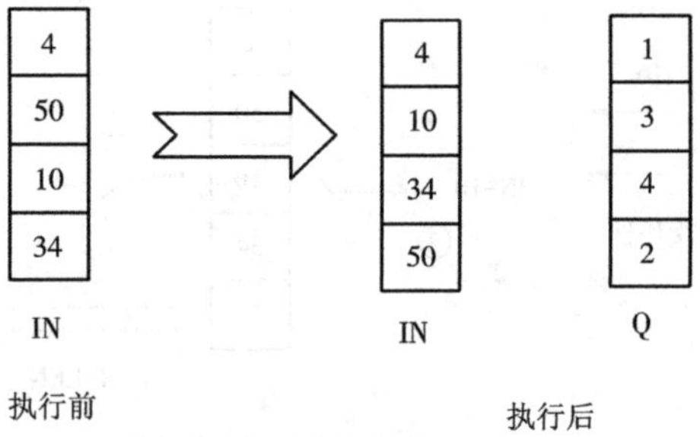

4
50
10
34
IN
执行前

4
10
34
50
IN

1
3
4
2
Q
执行后

图 5.70　排序指令执行过程

排序指令支持以下数据类型：

(1)INT；

(2)UINT；

(3)WORD。

5.7.6　数组移动指令(ARRAY_MOVE)

数组移动指令用于从源数组复制指定数据到目标数组。

数组移动指令梯形图如图 5.71 所示。

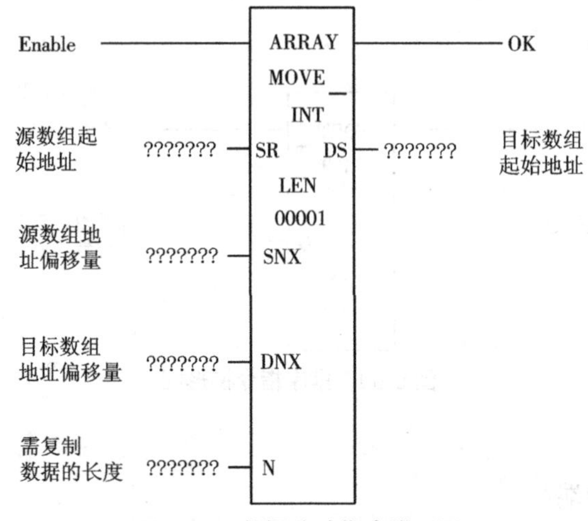

图 5.71　数据移动指令梯形图

在图 5.71 中：

(1)Enable 为使能端

(2)SR 为源数组起始地址；

(3)SNX 为源数组地址偏移量；

(4)DNX 为目标数组地址偏移量；

(5)N 为需复制数据的长度；

(6)DS 为目标数组起始地址；

(7)LEN 为数组长度。

当 Enable 端为“1”时(无须上升沿跃变),该指令执行过程如图 5.72 所示。

数组移动指令各参数取值如下:

SR :%R1

SRX: %R10=2

DNX :%P1=3

N: %P10=3

DS:%R100

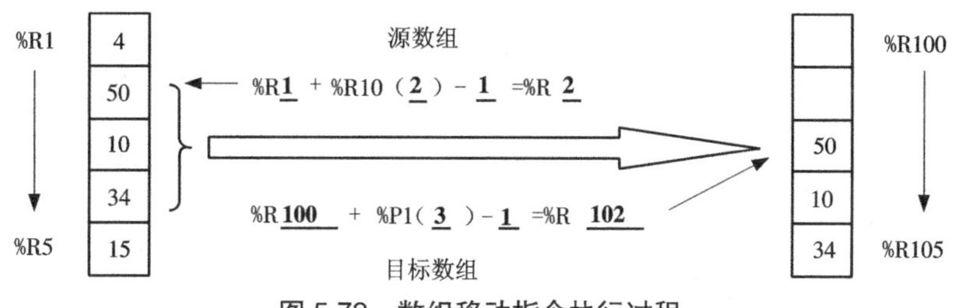

图 5.72　数组移动指令执行过程

数组移动指令支持以下数据类型:

(1)INT;

(2)UINT;

(3)DINT;

(4)BIT;

(5)BYTE;

(6)WORD;

(7)DWORD。

5.7.7　数组搜寻指令

数组搜寻指令用于在一指定数组中查询符合条件的值,并输出。现以数组搜寻等于指令为例进行介绍。

数组搜寻等于指令梯形图如图 5.73 所示。

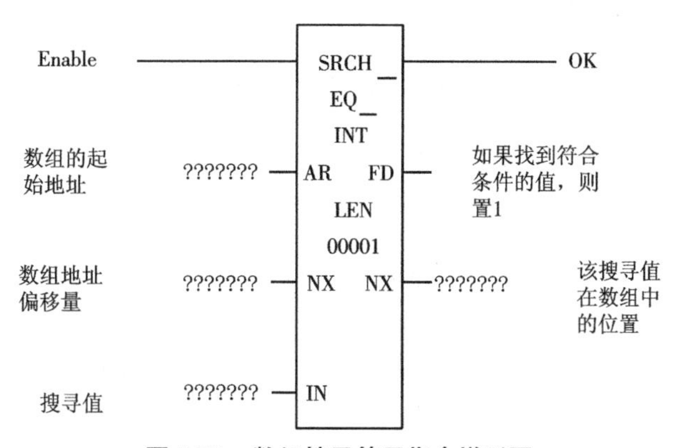

图 5.73　数组搜寻等于指令梯形图

在图 5.3 中:

(1)Enable 为使能端;

(2)AR 为数组的起始地址;

(3)NX(输入)为指定在数组中开始搜寻的起始地址;

(4)IN 为搜寻值;

(5)FD 为如果找到符合条件的值,则置 1;

(6)NX(输出)为该搜寻值在数组中的位置;

(7)LEN 为数组长度。

当 Enable 为“1”时(无须上升沿跃变),该指令执行过程如图 5.74 所示。

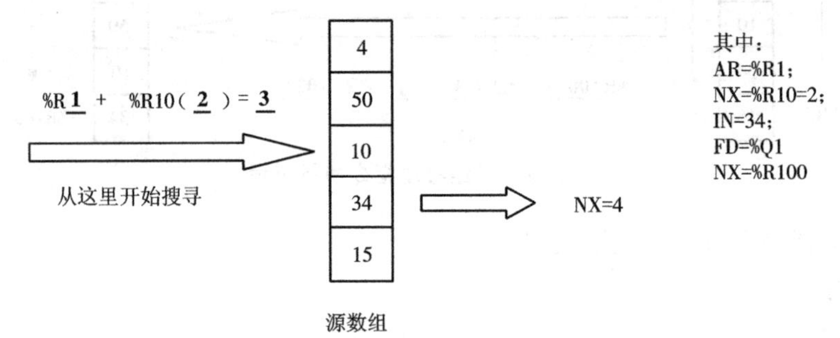

图 5.74 数组搜寻等于指令执行过程

如果没有符合要求的值,则 FD=0,NX(输出)=0。

数组搜寻等于指令支持以下数据类型:

(1)INT;

(2)UINT;

(3)DINT;

(4)BYTE;

(5)WORD;

(6)DWORD。

5.8 数据转换指令

GE Fanuc PLC 提供的数据转换指令功能见表 5.10。

表 5.10 GE Fanuc PLC 提供的数据转换指令功能

Abbreviation	Function	Description
BCD-4	Convert to BCD-4	Convert and unsigned or signed integer to 4-digit BCD format
BCD-8	Convert to BCD-8	Convert a double preclslon signed integer to 8-digit BCD format
UINT	Convert to Unsigned Integer	Convert BCD-4, signed integer: or double precision signed integer to unsigned integer format

续表

Abbreviation	Function	Description
INT	Convert to Signed Interger	Convert BCD-4, unsigned integer, or double precision signed integer to signed integer format
DINT	Convert to Double Precision Signed Integer	Convert BCD-8, unsigned integer. or signed integer to double precision signed integer format
REAL	Convert to Real	Convert BCD-4 BCD-8, unsigned integer. signed integer. or double precision signed integer toreal value format
TRUN	Truncate	Round the real number toward zero

该组指令语法大同小异，现以 BCD-4 转 INT 指令为例进行介绍。

BCD-4 转 INT 指令梯形图如图 5.75 所示。

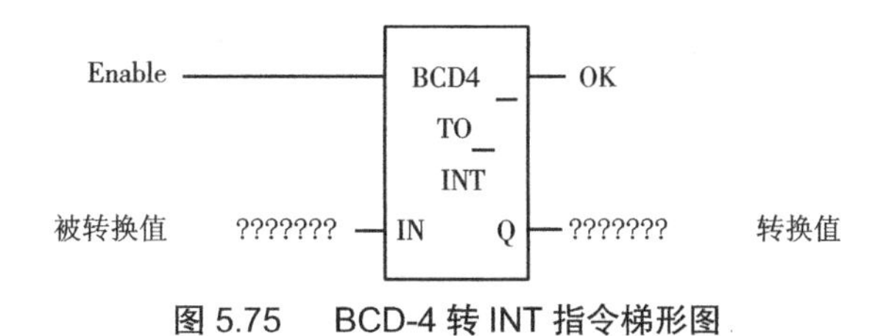

图 5.75　BCD-4 转 INT 指令梯形图

在图 5.75 中：

（1）Enable 为使能端；

（2）IN 为被转换值；

（3）Q 为转换值。

当 Enabe 端为“1”时（无须上升沿跃变），该指令将把 IN 端的值转换成程序所指定的值，并存放在 Q 端。

5.9　控制指令

GE Fanuc PLC 提供的控制指令功能见表 5.11。

表 5.11　GE Fanuc PLC 提供的控制指令功能

Function	Description
CALL	Causesprogran execution to go to a specified progrArn block
CALL EXTERNAL	Causespragram execution to go to a specified external block
CALL SUBROUTINE	Causes program execution to go to a specified parameterized subroutineblock
DOIO	Services for one sweep a specified range of inputs or outputs immedlately (All inputs or outputs on a module are serviced if any reference locations on that module are included in the DOI/O function. Partial I/O module updates are not performed) Optlonally, a copy of the scanned I/O can be placed in internal memory. rather than the real inputpoints
SUSION	Suspends for one sweepall normal I/O updates. except those specified by DOI/O instructions

续表

Function	Description
MCR	Programs a Master Control Relay. An MCR causes all rungs between the MCR and its subsequent ENDMCR to be executed without power flow
ENDMCR	Indicates that the subsequent logic is to be executed with normal power flow
JUMP	Causes program execution to jump to a specifiedlocation (indicated by a LABEL, see below) in the logic
LABEL	Specifies the target location of a JUMP instruction
COMMENT	Places a comment (rung explanation) in the program. After entering the instruction. the text can be typed in by zooming into the instruction
FOR, END FOR, EXTT	Repeat logic aspecified number of times within a program
SVCREQ	Requests one of the following special PLC services: Change / Read Constanr Sweep Timer. Read Window Values. Change Programmer Communications Window State and Values. Change System Communications Window State and Values. Change / Read Checksum Task State & No. of Words to Checksum. Change / Read Time of Day Clock State and Values. Reset Watchdog Timer. Read Sweep Time from Beginning of Sweep. Read Program Name This Block is In. Read PLC ID. Read PLC Run State. Shut Down PLC. Clear Fault Tables. Read Last-Logged Fault Table Entry. Read Elapsed Time Clock. Mask / Unmaski / Ontertupt. Readl / OOverride Status. Set Rur Enable / Disable. Read Fault Tables. Log User-Defined PLC Fault. Mask / Unmask Time dinterrupts. Read Master Checksum. Disable / Enable EXEB lock Checksum. Role Switch. Write to Reverse Transfer Area. Read from Reverse Transfer Area. Suspend / Resumel / Onterrupt
PID	Provides two PID (proportional / integral / derivaltive) closed-loopoontrol algorthms: Standard ISA PID algorithm (PIDISA) and Independent thermalgorithm (PIDIND)

该组指令提供控制 PLC 程序运行顺序的功能。

5.9.1 调用子程序指令(CALL,CALL EXTERNAL)

调用子程序指令提供模块化编程的功能,如图 5.76 所示。

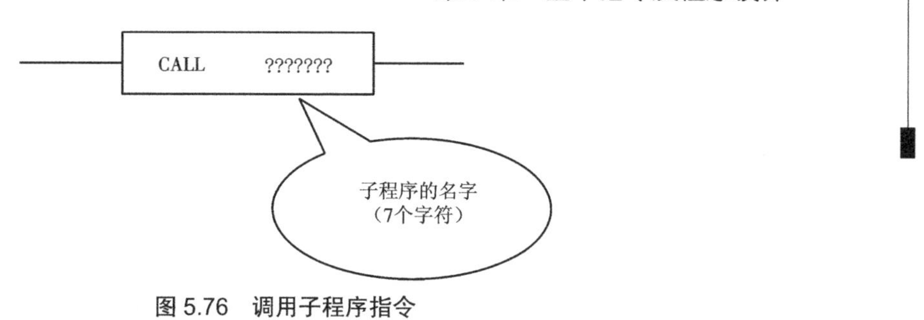

图 5.76　调用子程序指令

调用子程序指令执行过程如图 5.77 所示。

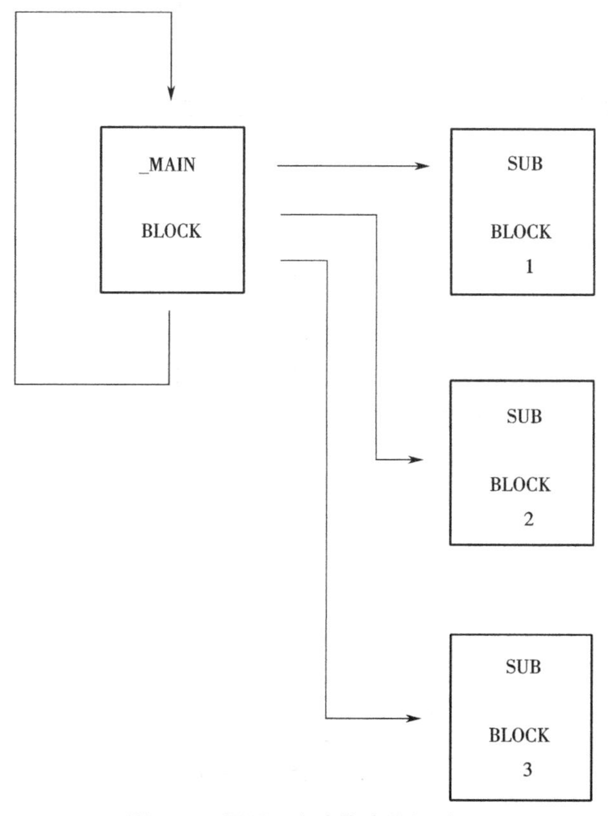

图 5.77　调用子程序指令执行过程

5.9.2　分支指令(MCR、ENDMCR)

分支指令用于变更程序的执行顺序。

分支指令梯形图如图 5.78 所示。

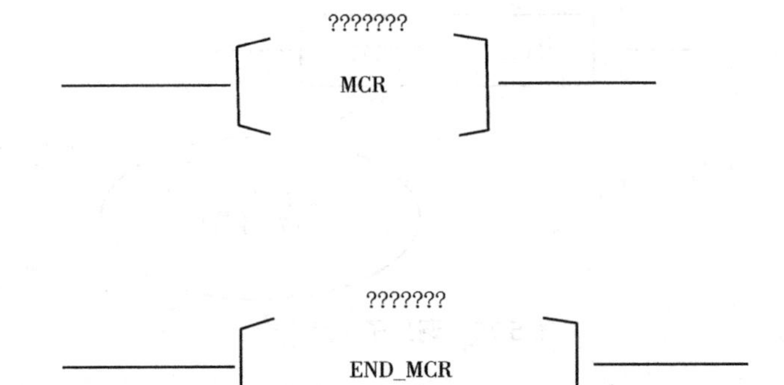

图 5.78　分支指令梯形图

分支指令具有如下功能：

(1) MCR 和 END_MCR 之间的程序被忽略，不执行；

(2)其中间的子程序不被调用；

(3)其中间计时器当前值被清零；

(4)其中间所用的常开线圈被复位。

注：

(1) MCR 和 END_MCR 的名字必须一致；

(2)任意几个 MCR 和 END_MCR 之间不能交叉使用；

(3) MCR 和 END_MCR 可以嵌套使用，其嵌套深度由 CPU 的类型决定。

5.9.3　跳转指令(JUMP、LABLE)

跳转指令用于变更程序的执行顺序。

跳转指令梯形图如图 5.79 所示。

???????

???????

图 5.79　跳转指令梯形图

跳转指令具有如下功能：

(1) JUMP 和 LABLE 之间的程序被忽略，不执行；

(2)其中间的子程序不被调用；

(3)其中间的计时器当前值被保持；

(4)其中间程序的执行结果保持上一次的执行结果。

注意：

(1) JUMP 和 LABLE 的名字必须一致；

(2)任意几个 JUMP 和 LABLE 之间不能交叉使用；

(3) JUMP 和 LABLE 可以嵌套使用，其嵌套深度由 CPU 的类型决定。

5.9.4　PLC Service Request 指令(SVCREQ)

PLC Service Request 指令提供一系列 PLC 的功能指令。

PLC Service Request 指令梯形图如图 5.80 所示。

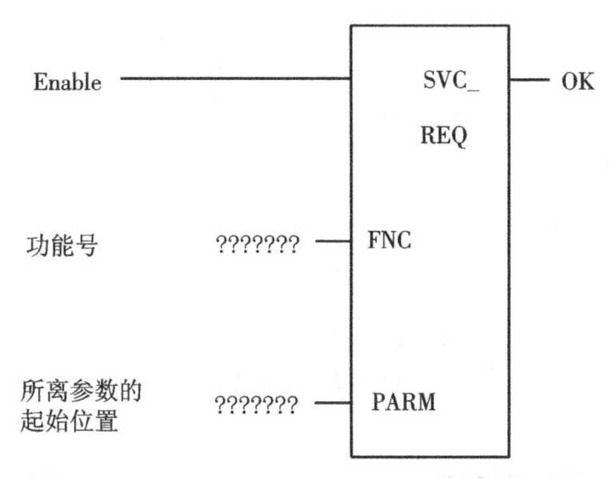

图 5.80　PLC Service Request 指令梯形图

在图 5.80 中：

(1)Enable 为使能端；

(2)FNC 为功能号；(PLC Service Request 指令共有 32 种功能，其执行哪种功能，由 FNC 处指定)

(3)PARM 为所需参数的起始地址。

当 Enable 端为“1”时(无须上升沿跃变)，该指令执行 FNC 处指定的功能。

以下为对 PLC Service Request 指令功能举例。

1)#7 读写系统时钟(FNC=7)

数据格式如图 5.81 所示。

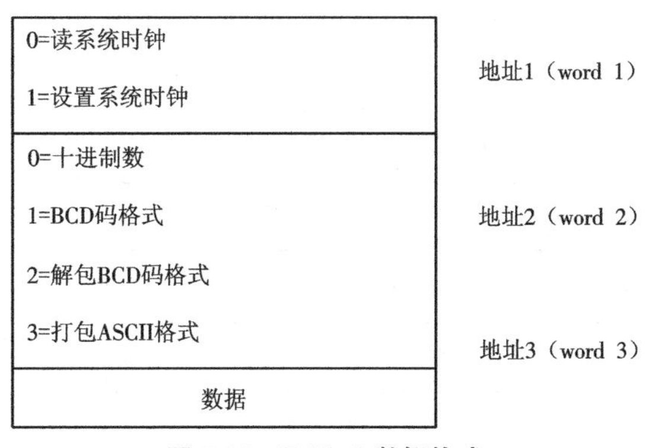

图 5.81　FNC=7 数据格式

时间格式如下。

(1)十进制数，其格式如图 5.82 所示。

年	地址3（word 3）
月	
日	
时	
分	
秒	
周	

图 5.82　十进制数

（2）BCD 码，其格式如图 5.83 所示。

月	年	地址3（word 3）
时	日	
秒	分	
（空）	周	

图 5.83　BCD 码

（3）解包 BCD 码，其格式如图 5.84 所示。

年（十位数、个位数，各用BCD码表示）	地址3（word 3）
月（十位数、个位数，各用BCD码表示）	
日（十位数、个位数，各用BCD码表示）	
时（十位数、个位数，各用BCD码表示）	
分（十位数、个位数，各用BCD码表示）	
秒（十位数、个位数，各用BCD码表示）	
周（十位数、个位数，各用BCD码表示）	

图 5.84　解包 BCD 码

(4)打包 ASCII 码,其格式如图 5.85 所示。

年(个位数)	年(十位数)	地址3(word 3)
月(十位数)	空格	
空格	月(个位数)	
日(个位数)	日(十位数)	
时(十位数)	空格	
:	时(个位数)	
分(个位数)	分(十位数)	
秒(个位数)	:	
空格	秒(十位数)	
周(个位数)	周(30h)	

图 5.85　打包 ASCII 码

2)#14 清除 PLC 故障表中的登录错误(FNC=14)

数据格式如图 5.86 所示。

0=清除PLC故障表中的故障	地址1(word 1)
1=清除I/O故障表中的故障	

图 5.86　FNC=14 数据格式

3)#13 关闭 PLC(FNC=13)

该指令无须参数,但在 PARM 中必须填写一个地址,否则语法错误。

第6章　PAC通信与自动化通信网络

6.1　以太网通信

6.1.1　软件的使用

重启电脑后，在Windows桌面，点击“开始”→“所有程序”→“Proficy”→“Proficy Machine Edition”→“Proficy Machine Edition”命令运行软件，如图6.1所示。

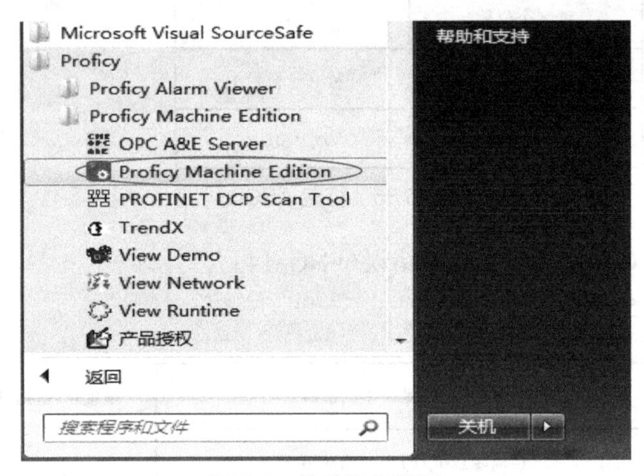

图6.1　软件运行界面

在Machine Edition初始化后，进入开发环境窗口，点击“OK”按钮。出现Machine Edition软件工程管理提示窗口，如图6.2所示。此时可根据实际情况选择适当的功能。

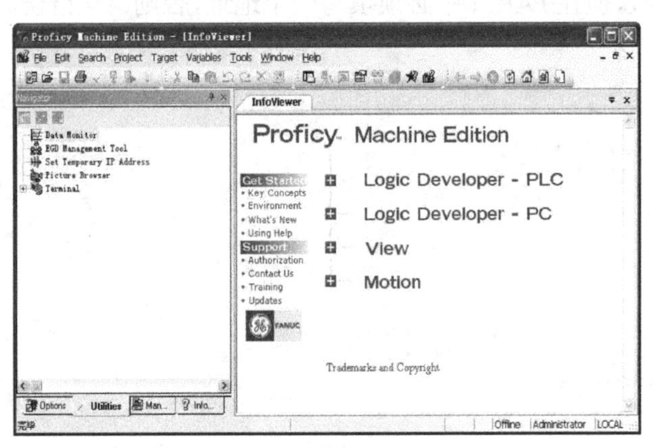

图6.2　工程管理提示窗口

6.1.2　创建 GE VersaMax Nano/Mcro PLC

（1）在 Machine Edition 软件工程管理提示窗口中选择 Empty Project，点击“OK”按钮后出现“New Project”对话框，如图 6.3 所示。

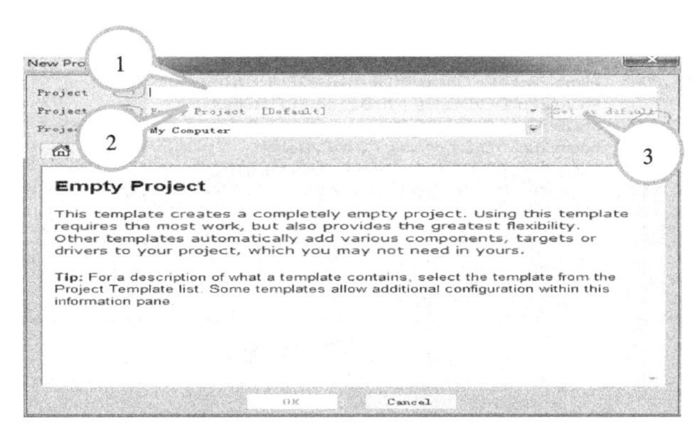

图 6.3　“New Project”对话框

在图 6.3 所示对话框中，输入工程名，选择所使用的工程模板，设置成缺省模板，点击“OK”按钮，这样一个新的工程就在 Machine Edition 环境中建好了。

6.1.3　硬件配置

用 Machine Edition Logic Developer 软件配置 PAC 的 CPU 和 I/O 系统。由于 PAC 采用模块化结构，每个插槽均有可能配置不同模块，所以需要对每个插槽上的模块进行定义，CPU 才能识别到模块展开工作。使用 Developer PLC 编程软件配置 PAC 的电路模块、CPU 模块和常用的 I/O 模块步骤如下。

（1）依次点开浏览器“Project”→“PAC Target”→“hardwareConfiguration”→“Main Rack（CPU）”，如图 6.4 所示。

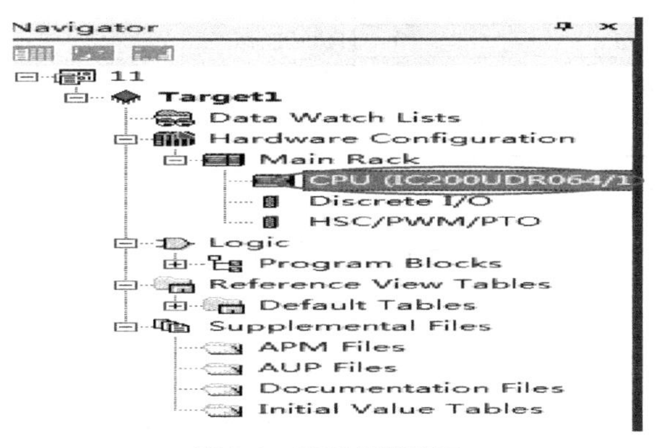

图 6.4　CPU 设置窗口

（2）修改 CPU 型号，右键单击 IC200UDR064/164，会弹出一些对话框询问 CPU 是否更换等，直接点击“OK”按钮即可，如图 6.5 所示。

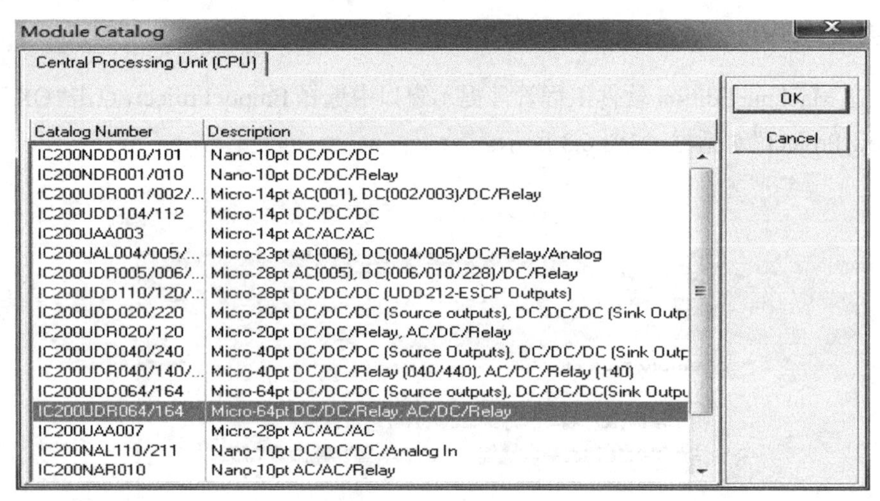
Module Catalog

Central Processing Unit (CPU)

OK

Cancel

Catalog Number	Description
IC200NDD010/101	Nano-10pt DC/DC/DC
IC200NDR001/010	Nano-10pt DC/DC/Relay
IC200UDR001/002/...	Micro-14pt AC(001), DC(002/003)/DC/Relay
IC200UDD104/112	Micro-14pt DC/DC/DC
IC200UAA003	Micro-14pt AC/AC/AC
IC200UAL004/005/...	Micro-23pt AC(006), DC(004/005)/DC/Relay/Analog
IC200UDR005/006/...	Micro-28pt AC(005), DC(006/010/228)/DC/Relay
IC200UDD110/120/...	Micro-28pt DC/DC/DC (UDD212-ESCP Outputs)
IC200UDD020/220	Micro-20pt DC/DC/DC (Source outputs), DC/DC/DC (Sink Outp
IC200UDR020/120	Micro-20pt DC/DC/Relay, AC/DC/Relay
IC200UDD040/240	Micro-40pt DC/DC/DC (Source Outputs), DC/DC/DC (Sink Outp
IC200UDR040/140/...	Micro-40pt DC/DC/Relay (040/440), AC/DC/Relay (140)
IC200UDD064/164	Micro-64pt DC/DC/DC (Source outputs), DC/DC/DC(Sink Outpu
IC200UDR064/164	Micro-64pt DC/DC/Relay, AC/DC/Relay
IC200UAA007	Micro-28pt AC/AC/AC
IC200NAL110/211	Nano-10pt DC/DC/DC/Analog In
IC200NAR010	Nano-10pt AC/AC/Relay

图 6.5 CPU 参数窗口

用以太网通信时，右键单击 C200UDR064/164，将参数修改为与图 6.6 一致。

InfoViewer | (0.0) IC200UDR064/164

CPU Settings | Scan | Port 1 (RS-232) | Port 2 (Ethernet) | Memory | Wiring

Parameters	Values
I/O Scan-Stop:	No
Power Up Mode:	Run
Logic / Configuration From:	Flash
Registers:	Flash
Passwords:	Enabled
Checksum Words:	8
Default Modem Turnaround Time (.01	0
Default Idle Time (Sec):	10
SNP ID:	
Switch Run / Stop:	Enabled
Switch Memory Protect:	Disabled
Diagnostics:	Enabled
Fatal Fault Override:	Disabled
Memory Board:	RAM Only
Port 2 Configuration	Ethernet

图 6.6 C200UDR064/164 参数设置

6.1.4 以太网通信

（1）将电脑的“本地连接”名字改成英文“Local area connection”。

（2）设置电脑 IP，例如 192.168.1.10。

设置临时 IP：打开 Proficy MachineEdition 软件，选择菜单栏中“Tools&Utilities”点击图标弹出如图 6.7 所示对话框。

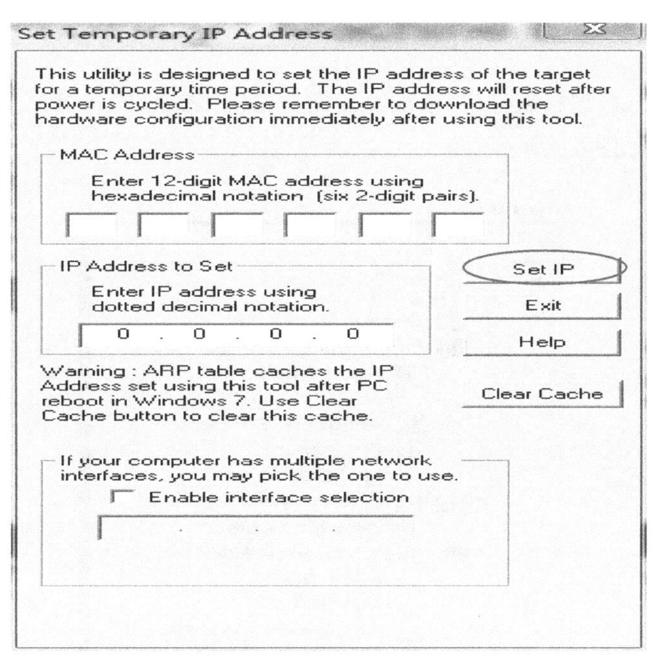

图 6.7　“Set Temporary IP Address”对话框

在图 6.7 的空格中填入 CPU 上通信模块的型号，在下面设置临时 IP（192.168.1.11，特别需要注意的是，临时 IP 不能与电脑的 IP 一样）；设置好后点击“Set IP”按钮；此时弹出“IP change SUCCESSFUL”窗口，点击“确定”按钮完成临时 IP 的设置。

（3）设置端口的固定 IP。在运行命令框中输入“cmd”进入 DOS 界面，输入“ping 192.168.1.11”（这是刚刚设好的临时 IP），按“Enter”键，显示如图 6.8 所示结果

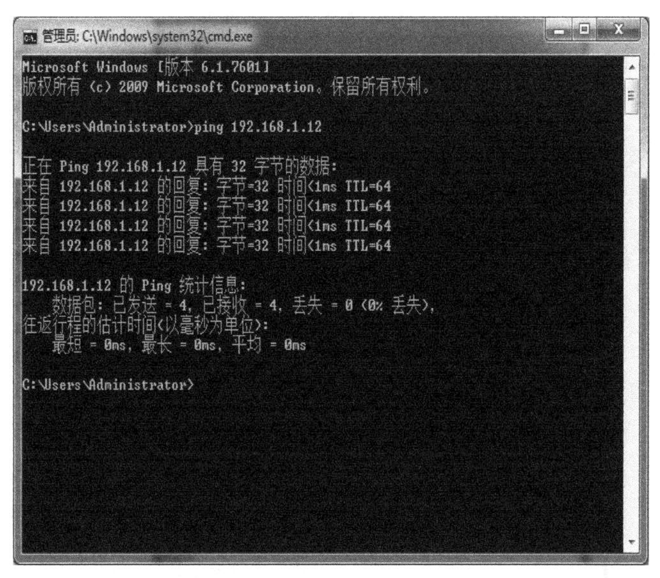

图 6.8　设置端口的固定 IP

6.1.5 编写程序

在 Developer PLC 编程软件中,依次点击浏览器的“Project”→“PAC Target”→“Logic,MAIN”位主函数,如图 6.9 所示。

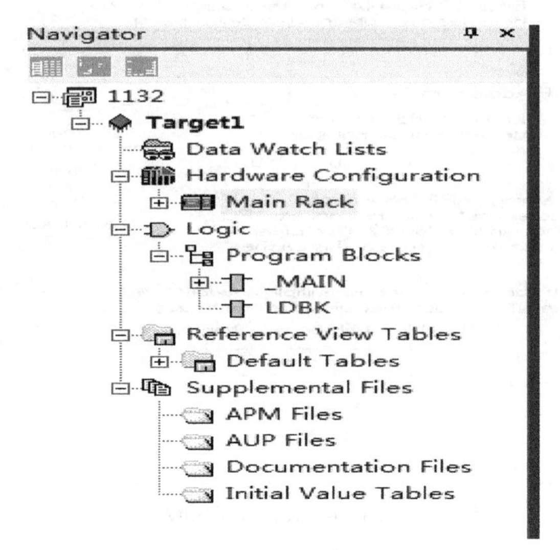

图 6.9 编写程序窗口界面

在“MAIN”界面找到需要的指令,放到相应的位置,再输入号位 I00001,只需要键入 1I,按“Enter”键即可,如图 6.10 所示。

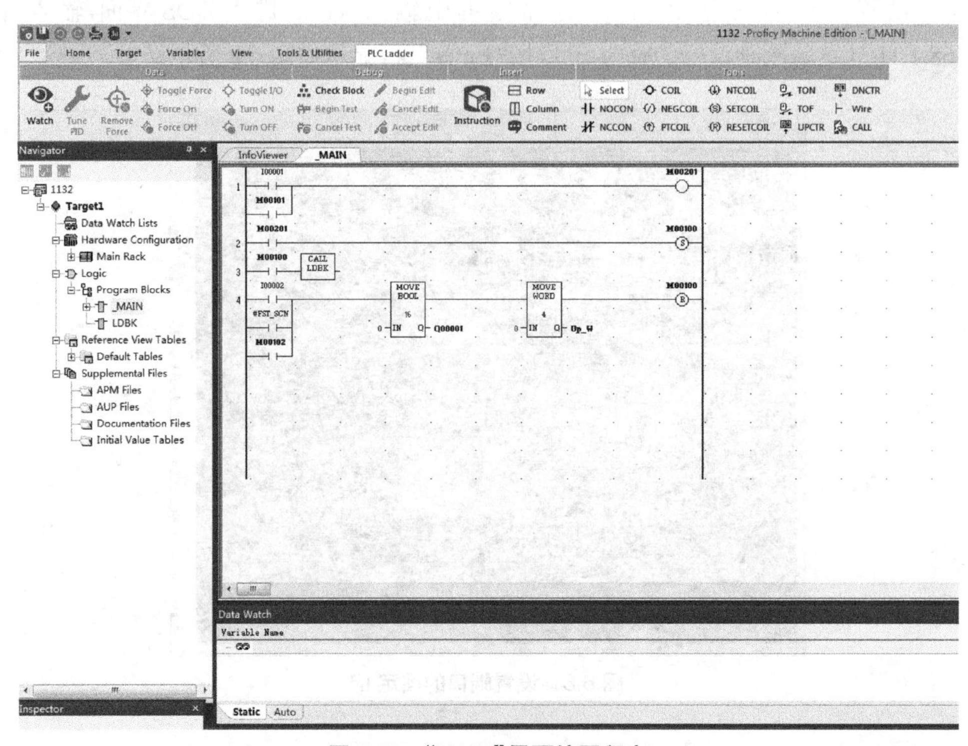

图 6.10 “MAIN”界面编写程序

6.1.6　下载

下载时，需将 PLC 调至 stop 挡位，程序编辑好后，点击工具栏中的 图标编译程序，在左边区域里找到“Target”，然后用鼠标右键单击，选择“go online”，如果没错误，在界面上面的”工具栏中找到“Target”栏单击“Download”完成下载，最后将 PLC 调至 run 挡，运行程序。

6.2　串口通信

6.2.1　打开软件

重启电脑后，在 Windows 桌面，点击“开始”→“所有程序”→“Proficy”→“Proficy Machine Edition”→“Proficy Machine Edition”命令运行软件，见图 6.1。

在 Machine Edition 初始化后，进入开发环境窗口，点击“OK”按钮。出现 Machine Edition 软件工程管理提示窗口，见图 6.2。此时可根据实际情况选择适当的功能。

6.2.2　正式进入软件

用鼠标右键单击“My computer”，选中“Restore...”重新加载程序，如图 6.11 所示。

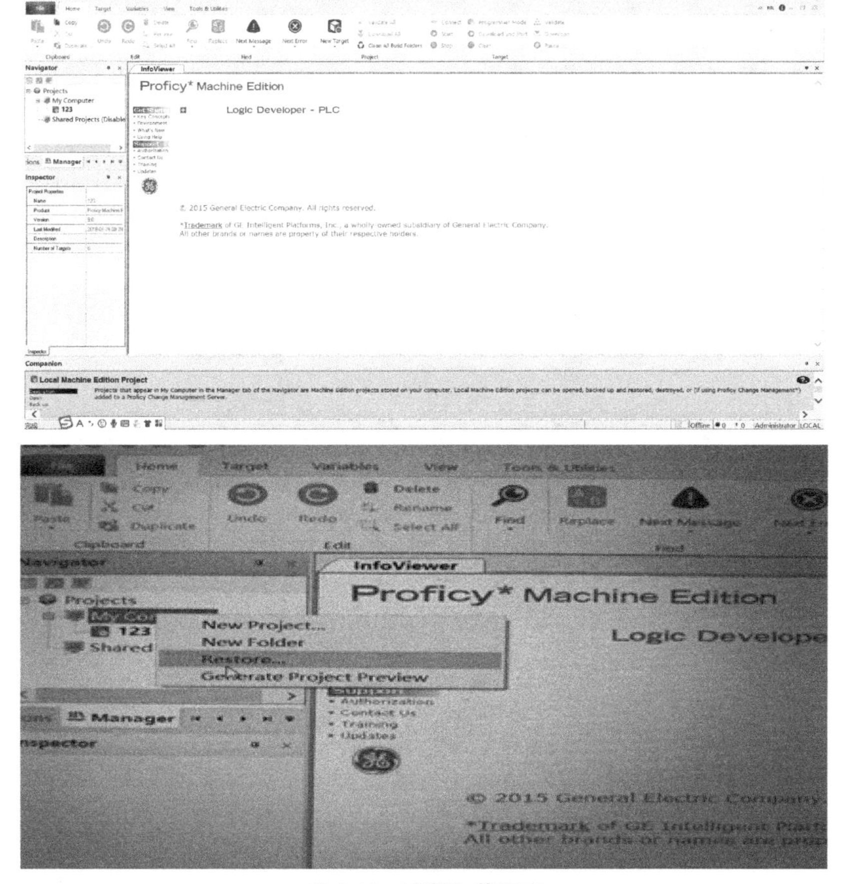

图 6.11　重新加载程序

在桌面中找到梯形图所对应的文件夹,比如双击打开“PSY01”文件夹,如图 6.12 所示。

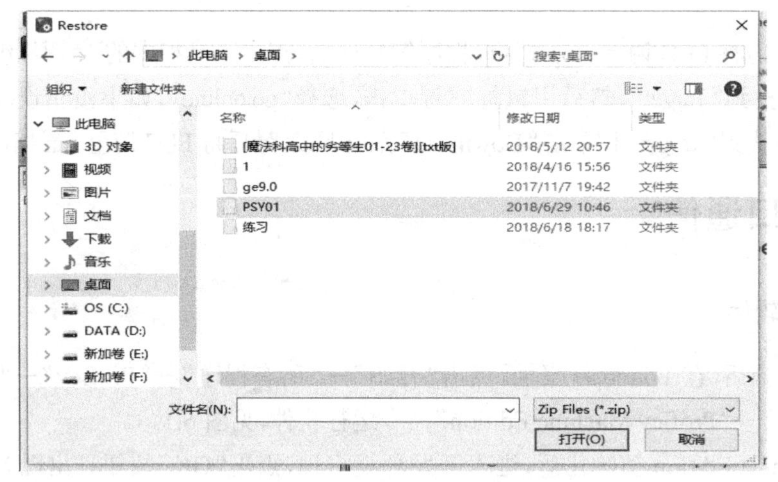

图 6.12　双击打开“PSY01”文件夹

选中要加载的程序,然后单击打开。例如,选择“电机正反转”,如图 6.13 所示。

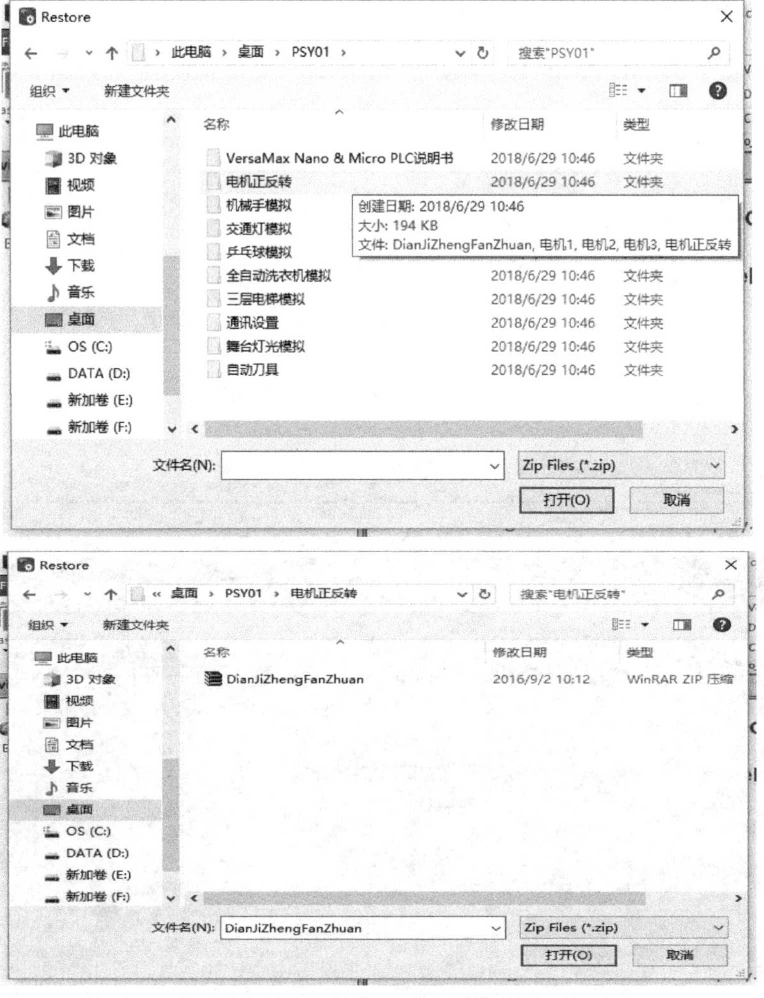

图 6.13　加载“电机正反转”程序

然后会看到在项目栏多了项目“DIANJIZHENGFANZHUAN”，如图 6.14 所示。

图 6.14　项目栏

双击“DIANJIZHENGFANZHUAN”，屏幕会依次出现两个对话框，点击“Yes”按键和“OK”按钮即可，如图 6.15 所示。

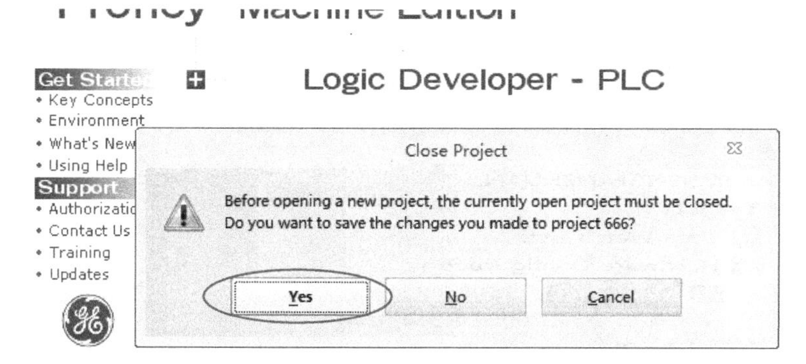

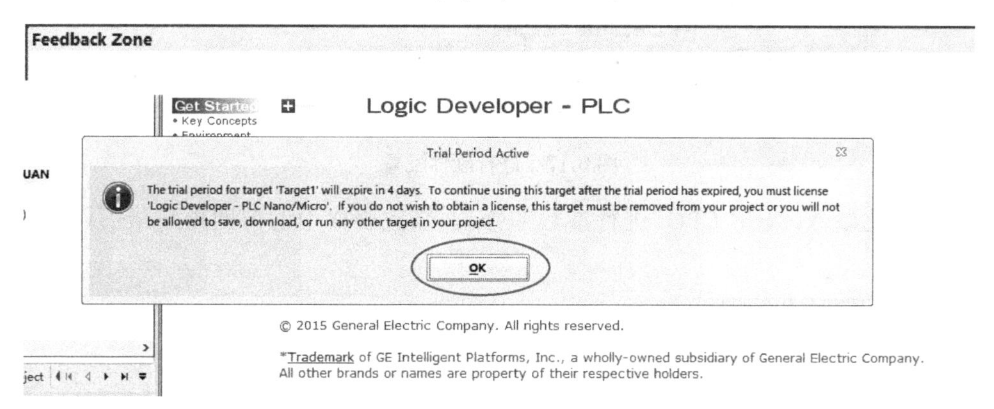

图 6.15　双击“DIANJIZHENGFANZHUAN”后对话框

此时左边项目栏会自动跳转到“Project”栏,如图 6.16 所示。

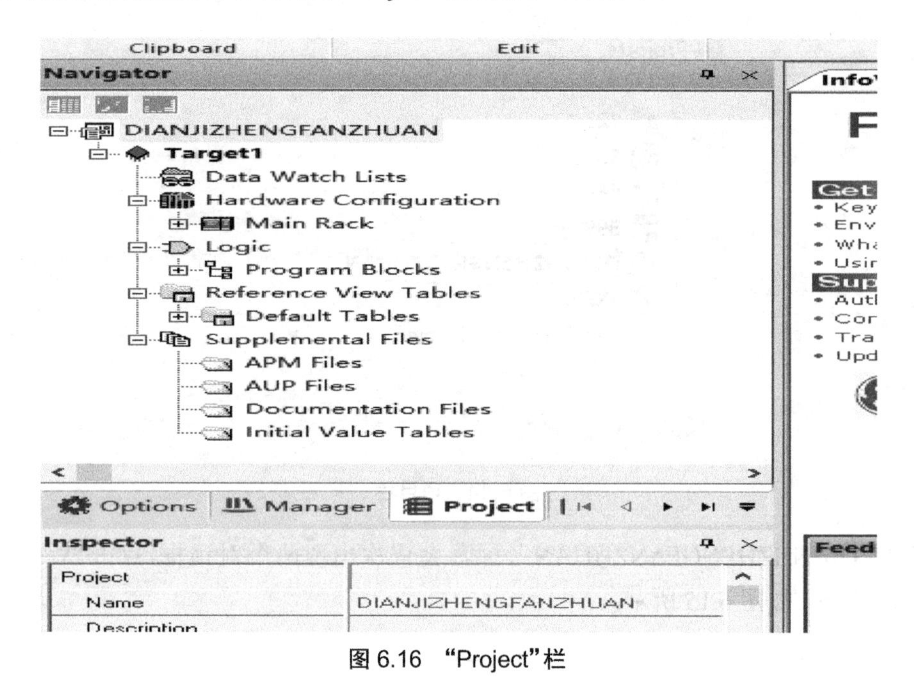

图 6.16 “Project”栏

双击“Main Rack”,进行硬件的配置,如图 6.17 所示。

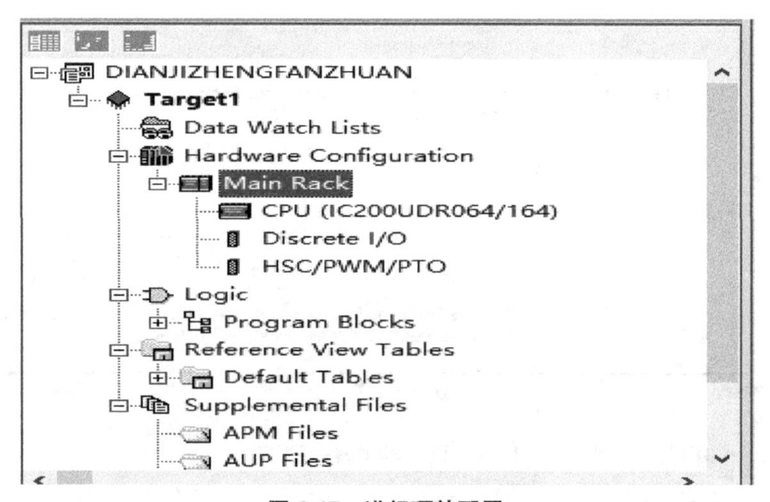

图 6.17 进行硬件配置

为了固化参数,双击“CPU”进行参数的修改,修改表格中的前四项与最后两项,如图 6.18 所示。

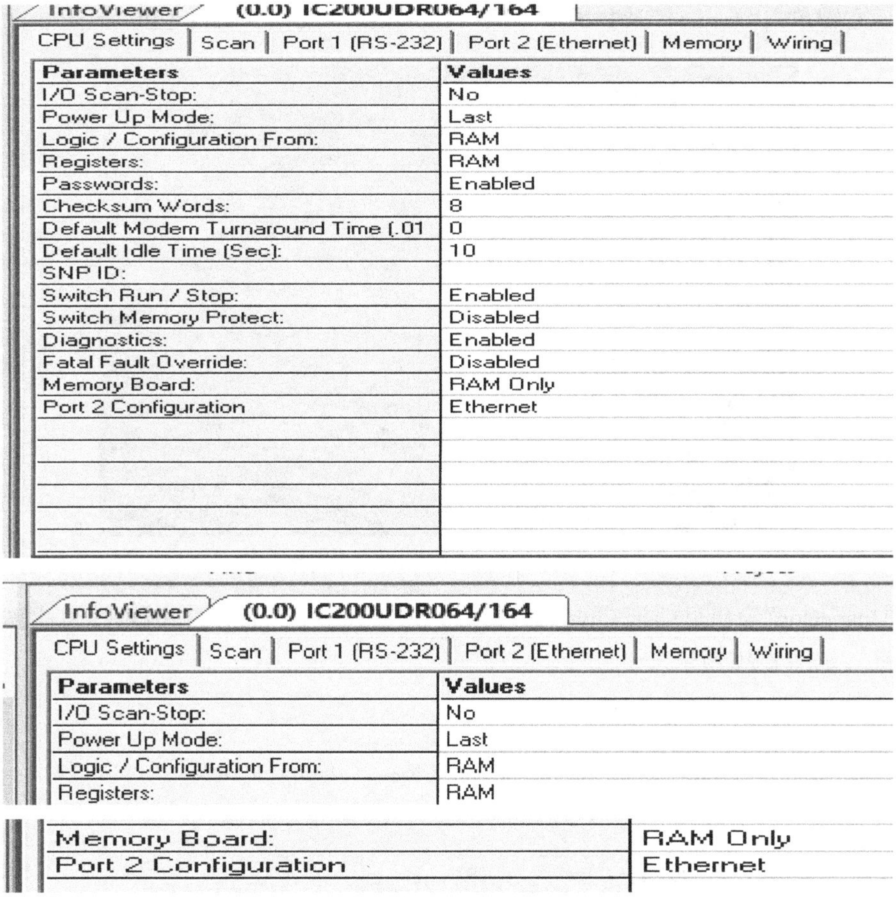

InfoViewer　(0.0) IC200UDR064/164

CPU Settings | Scan | Port 1 (RS-232) | Port 2 (Ethernet) | Memory | Wiring

Parameters	Values
I/O Scan-Stop:	No
Power Up Mode:	Last
Logic / Configuration From:	RAM
Registers:	RAM
Passwords:	Enabled
Checksum Words:	8
Default Modem Turnaround Time (.01	0
Default Idle Time (Sec):	10
SNP ID:	
Switch Run / Stop:	Enabled
Switch Memory Protect:	Disabled
Diagnostics:	Enabled
Fatal Fault Override:	Disabled
Memory Board:	RAM Only
Port 2 Configuration	Ethernet

InfoViewer　(0.0) IC200UDR064/164

CPU Settings | Scan | Port 1 (RS-232) | Port 2 (Ethernet) | Memory | Wiring

Parameters	Values
I/O Scan-Stop:	No
Power Up Mode:	Last
Logic / Configuration From:	RAM
Registers:	RAM

Memory Board:	RAM Only
Port 2 Configuration	Ethernet

图 6.18　CPU 参数

CPU 参数修改为图 6.19 中的数据。

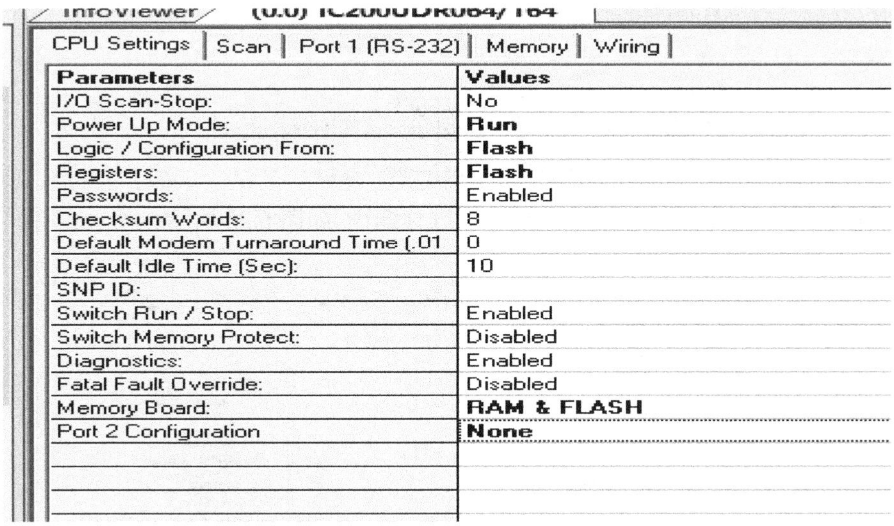

InfoViewer　(0.0) IC200UDR064/164

CPU Settings | Scan | Port 1 (RS-232) | Memory | Wiring

Parameters	Values
I/O Scan-Stop:	No
Power Up Mode:	**Run**
Logic / Configuration From:	**Flash**
Registers:	**Flash**
Passwords:	Enabled
Checksum Words:	8
Default Modem Turnaround Time (.01	0
Default Idle Time (Sec):	10
SNP ID:	
Switch Run / Stop:	Enabled
Switch Memory Protect:	Disabled
Diagnostics:	Enabled
Fatal Fault Override:	Disabled
Memory Board:	**RAM & FLASH**
Port 2 Configuration	**None**

图 6.19　修改 CPU 参数

然后右键单击“Target1”选择最后一项“Properties”(属性),如图 6.20 所示。

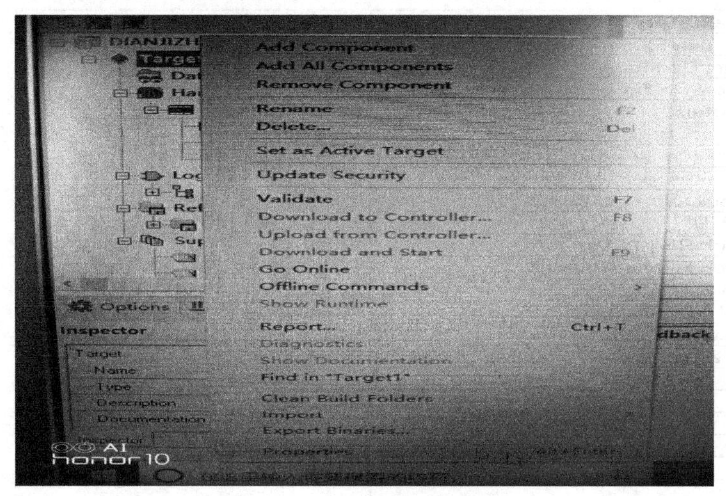

图 6.20 选择“Properties”(属性)

在“Inspector”窗口里面把 Physical Port 的 COM4 修改为 COM2(COM2 为计算机的属性端口号),如图 6.21 所示。

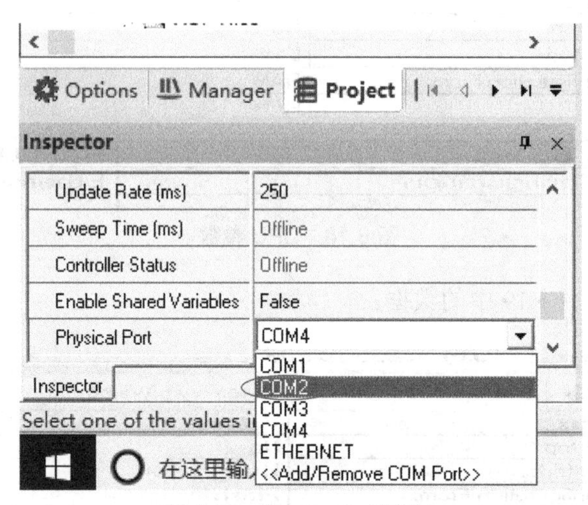

图 6.21 “Inspector”窗口

在项目栏的“Target”栏下点击“Validate”进行编译,如图 6.22 所示。

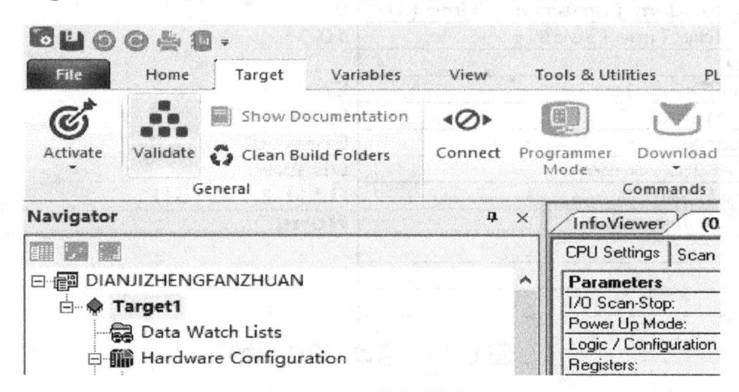

图 6.22 进行编译

然后会提示几个错误或警告，如图 6.23 所示。

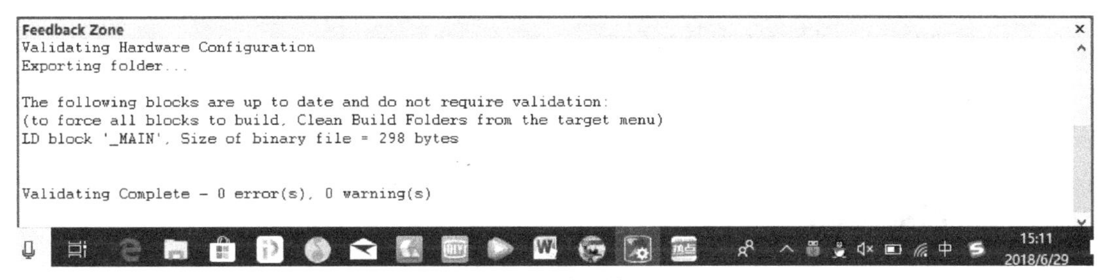

图 6.23　编译结果

点击“Connect”使其变为“Disconnect”，如图 6.24 所示。

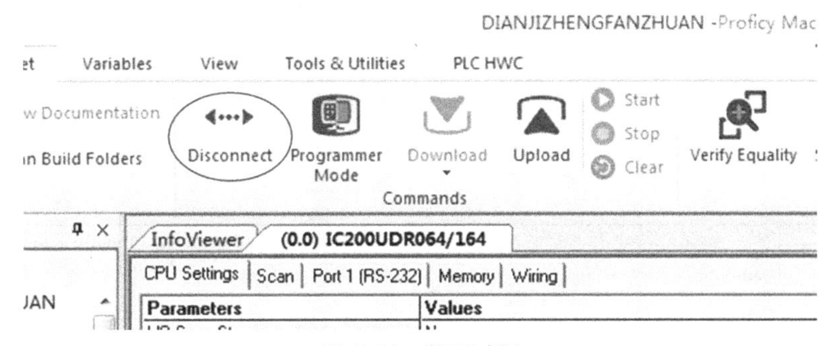

图 6.24　断开过程

点击“Programmer Mode”(程序员模式)将其变为“Monitor Mode”(监控模式)，如图 6.25 所示。

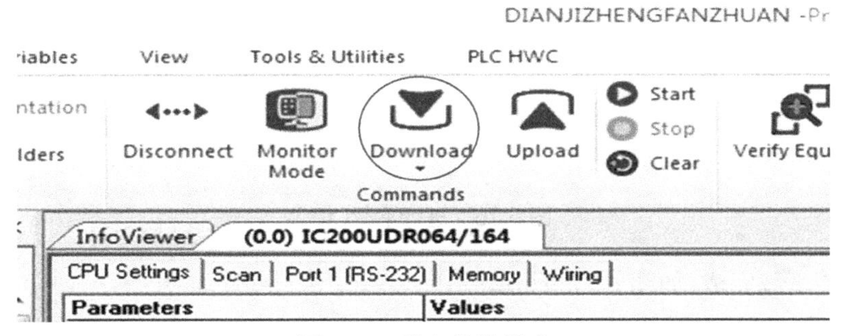

图 6.25　进入监控模式

点击“Download”会依次弹出两个对话框，分别点击“OK”按钮和“是”按钮即可，并在第一次弹出的对话框中勾选“Write ALL items to flash memory”选项。”如图 6.26 所示。

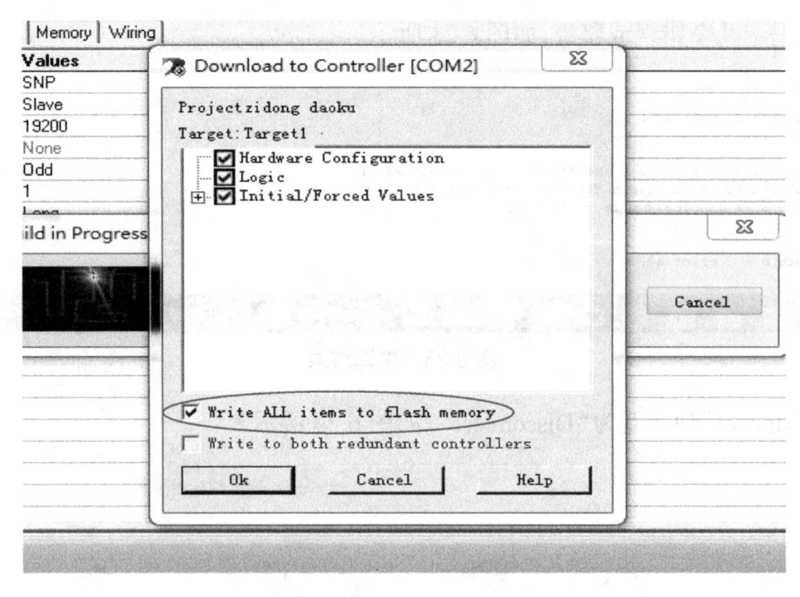

图 6.26　进行下载

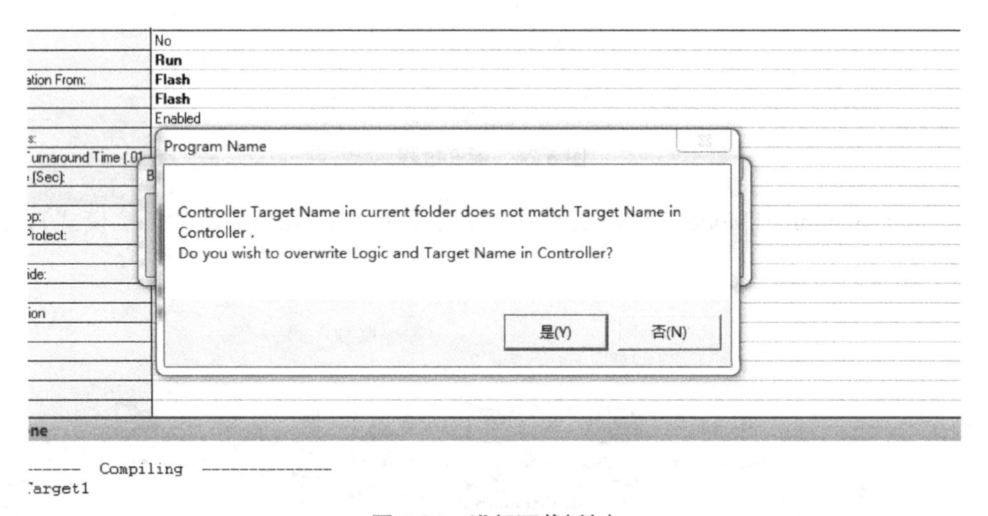

图 6.26　进行下载(续)

然后等待下载完成,如图 6.27 所示。

图 6.27　下载完成

等程序下载完成之后,就可以把 PLC 调至 run 挡,启动机器。

若是下载完成后“Target1”旁边绿色方框有字母“F”,就右键单击“Target1”。点击“Diagnostics（诊断）”，就会出现错误列表，然后点击蓝色字“Clean Controller Fault Table”，可以清除错误，如图 6.28 所示。

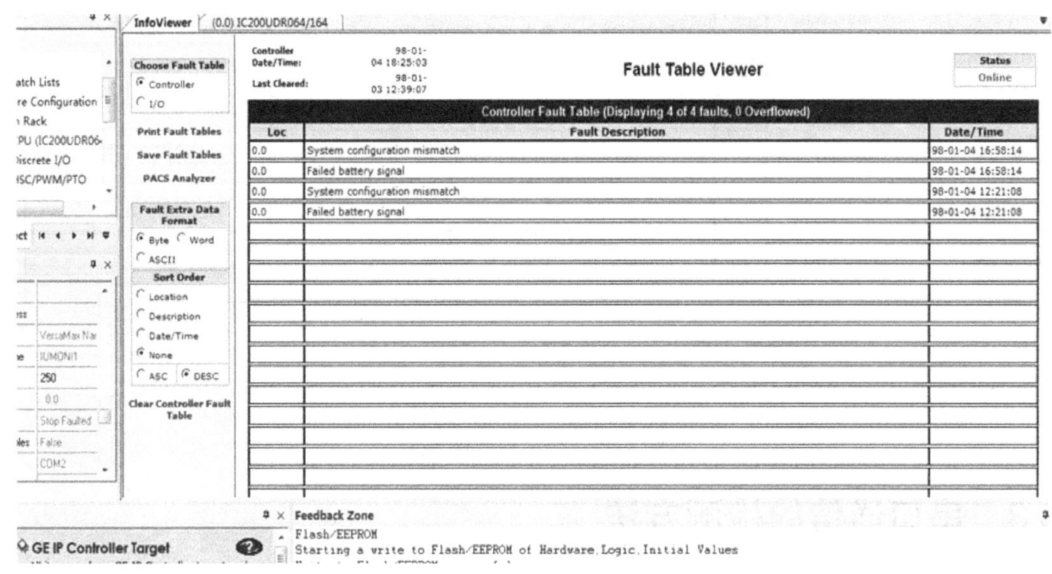

图 6.28　错误列表

点击“Yes”按钮清除错误如图 6.29 所示。连续操作两次后错误被完全清理，如图 6.30 所示。

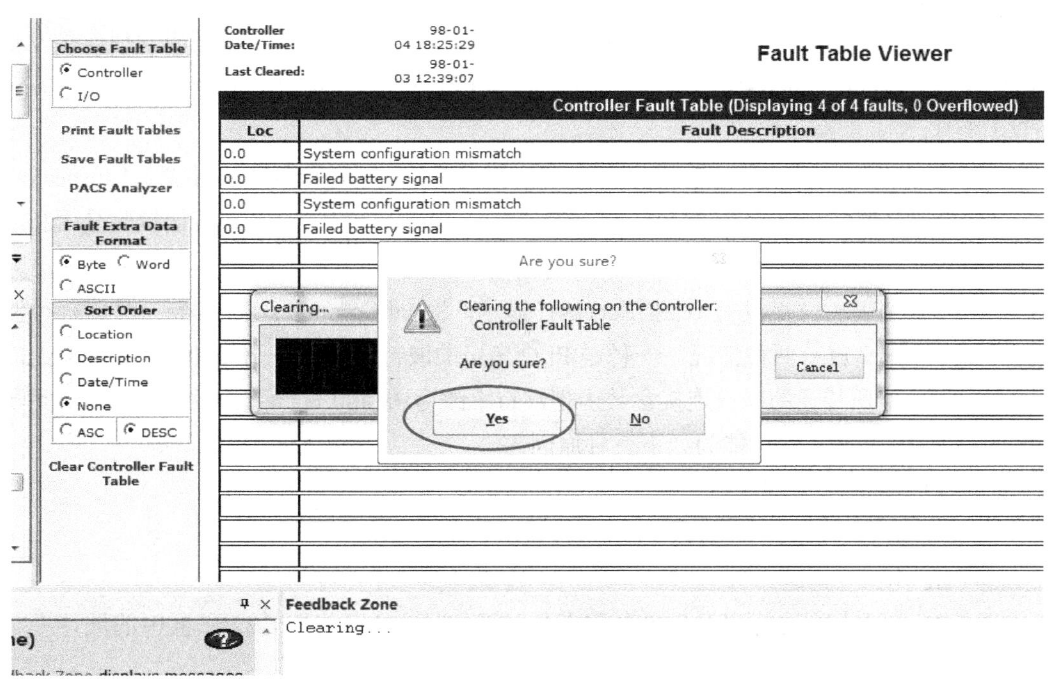

图 6.29　清除错误

最后就可以把 PLC 调至 run 挡启动设备了。

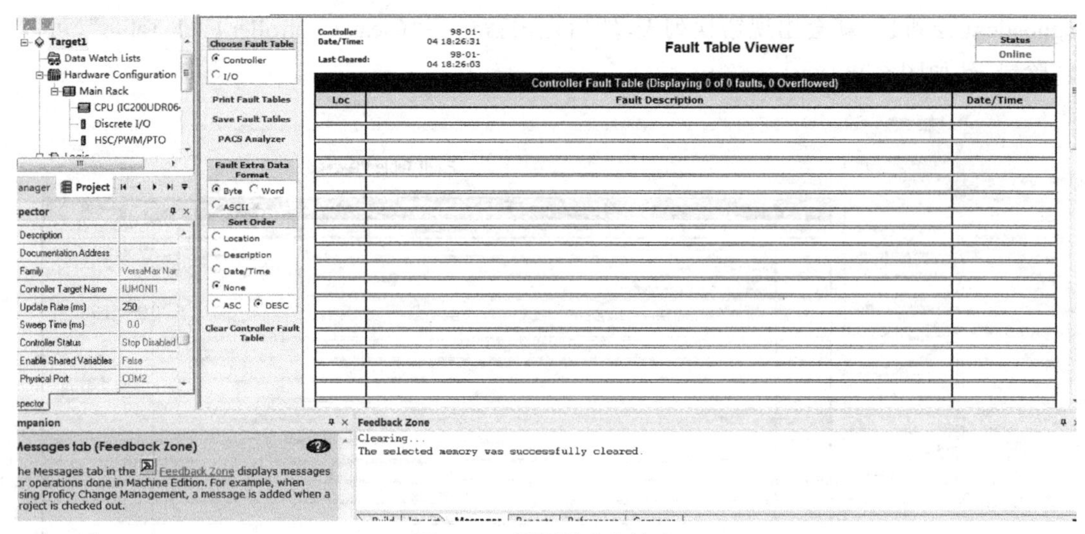

图 6.30　错误被完全清理

6.3　串口通信的检测方法

（1）在 PME 的安装目录下（比如：C：\Program Files（x86）\Proficy\Proficy Machine Edition\Utilities\SerialCommTest）找到 SerialCommTest 工具。

（2）确认 PME 已经关闭，运行 SerialCommTest.exe，点击“Test”按钮。

（3）检测过程大概需要 10 s，当“Test”按钮的显示变为“Success”时，证明物理连接没有问题。记下 SerialCommTest 反馈的串口链接参数（波特率、奇偶校验等）。关闭 SerialCommTest 工具。

（4）启动 PME 软件，在连接目标上点击右键选择“Properties”，在属性窗口“Inspector”中，找到最后一项“Additional configuration”，点击“+”展开，确认波特率、奇偶校验是否和刚才 SerialCommTest 工具反馈的一致。

（5）如果在第（3）步没有看到“Success”提示，Serial CommTest 工具将一直进行检测（超过 20 s），那么就有两种情况。一种是 PLC 串口的波特率超过了 19 200，为 38 400，此时可以在第（4）步所描述的串口连接参数中把波特率改为 38 400 试一下。另外一种情况是物理连接确实不通，那么就可能为如下三种原因：

①串口连接电缆有问题；

②电脑串口有问题；

③ PLC 串口有问题。

图 6.31 方框中的波特率（19 200）与奇偶校验（Odd/1）应与图 6.32 方框中的波特率与奇偶校验一致。

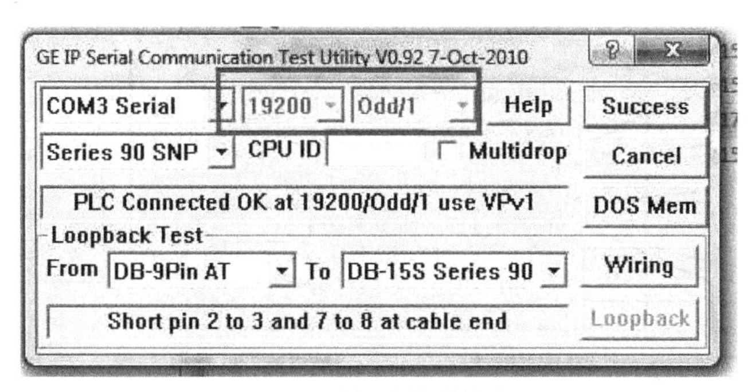

图 6.31　方框中的波特率一

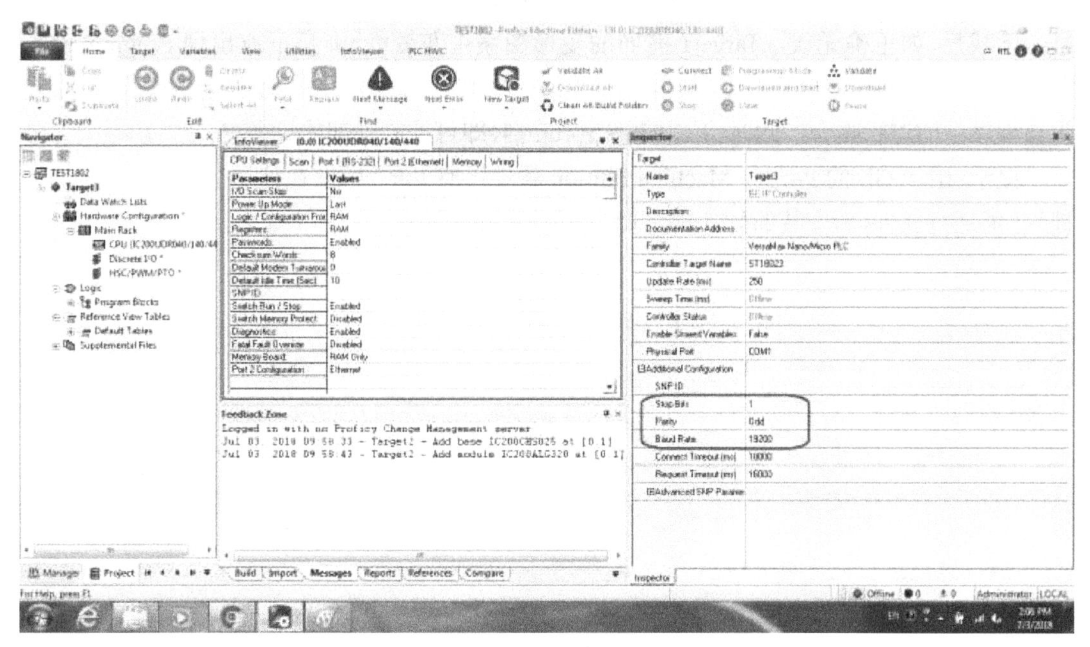

图 6.32　方框中的波特率二

注意：打开 PME 软件时要将串口通信的检测软件关闭。

6.4　上传 / 下载

以 PAC Systems RX3i 控制器为例进行介绍。

把 PLC 参数、程序等在计算机上编辑好以后，需要将内容写入到 PLC 的内存中。也可以将 PLC 内存中原有的参数、程序读取出来供阅读。这就需要用到上传 / 下载功能。参数配置、程序下载 PLC 的步骤如下：

（1）点击工具栏中的按钮编译程序；

（2）点击工具栏中的按钮建立通信，如果设置正确，则在状态栏窗口显示 Connect to Device，由灰色变为亮色，表明两者已经连接上；如果不能完成软硬件之间的联系，则应查明原因，重新进行设置并重新建立连接。

（3）点击按钮，是 PLC 在线模式，再点击下载按钮，出现如图 6.33 所示的对话框。

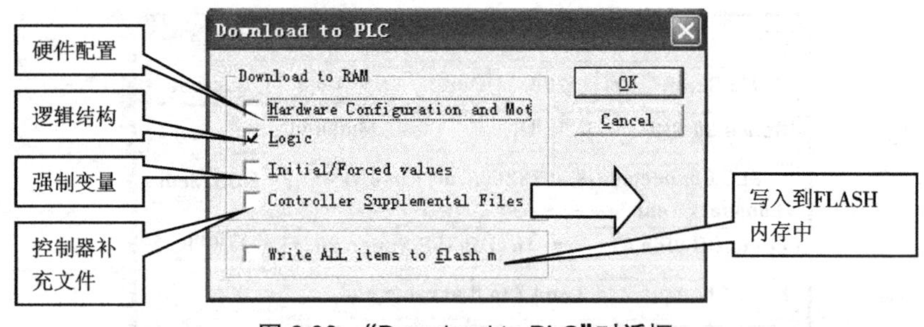

图 6.33 “Download to PLC”对话框

(4)初次下载,应将硬件配置及程序一起下载进去,点击“OK”按钮。

下载后,如正确无误, Target1 前面的菱形图案由灰变绿,屏幕下方出现 Programmer , Stop Disabled , Config EQ, Logic EQ,表明当前的 RX3i 配置与程序的硬件配置吻合,内部逻辑与程序中的逻辑吻合。此时将 CPU 调至 run 挡,即可控制外部的设备。

提示:由于 GE 的 Proficy Machine Edition 软件没有开放,所以在使用之前要插上“加密锁”才能运行软件,新安装的软件试用期为一个月的时间。

第 7 章 触摸屏界面开发设计

1 新建触摸屏

用鼠标右键单击工程名 djzhengfan_hmi_fjxx，然后选择 Add Target，再选择可控触摸屏 QuickPanel View/Control，之后选择目标触摸屏型号（QuickPanel View/Control 6″ TFT，如图 7.1 所示。

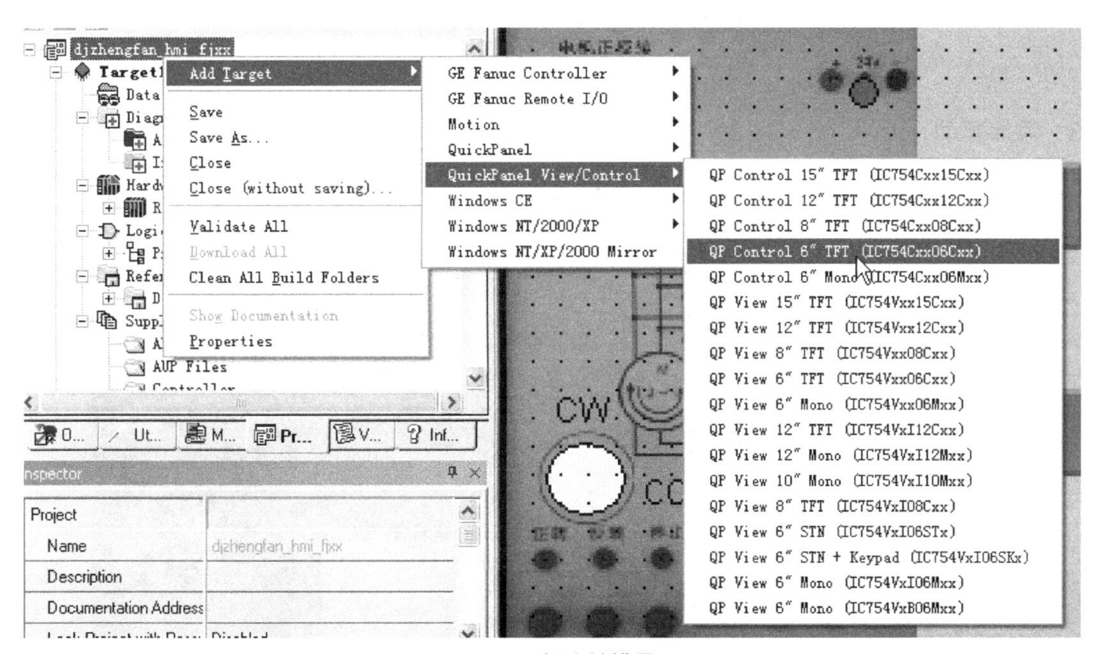

图 7.1 新建触摸屏

2 创建触摸屏

点击新建 Target2，增加 HMI（人机界面），如图 7.2 所示。

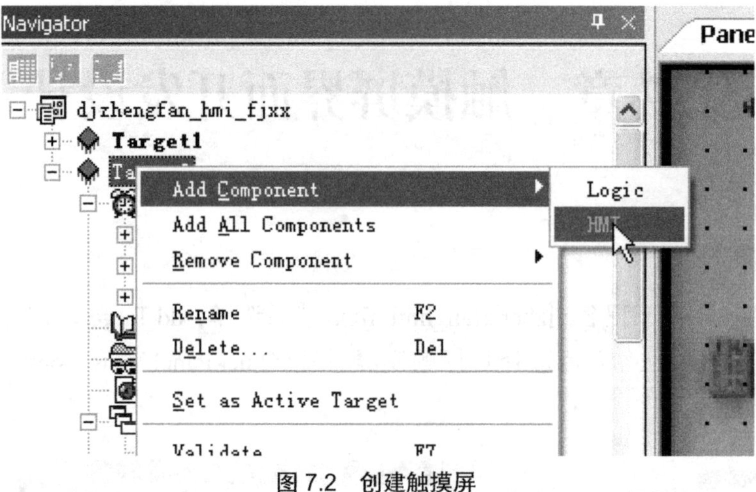

图 7.2 创建触摸屏

3 添加驱动

添加 GE Fanuc 驱动 GE SRTP(有多种驱动备选,可按需选择),如图 7.3 所示。

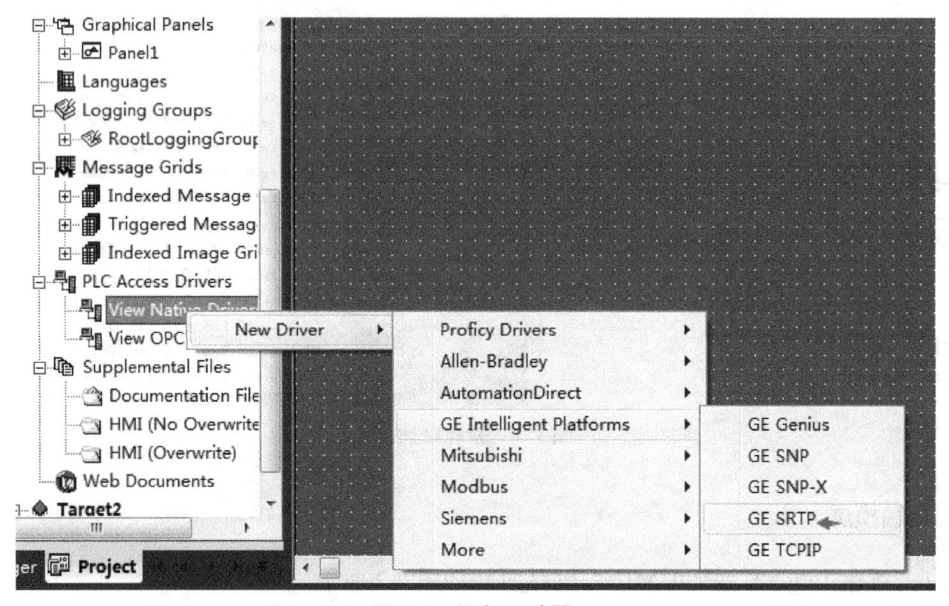

图 7.3 添加驱动器

4 触摸屏地址配置

在 Target2 的属性框中添加触摸屏地址,Computer Address 为触摸屏地址栏,如图 7.4 所示。

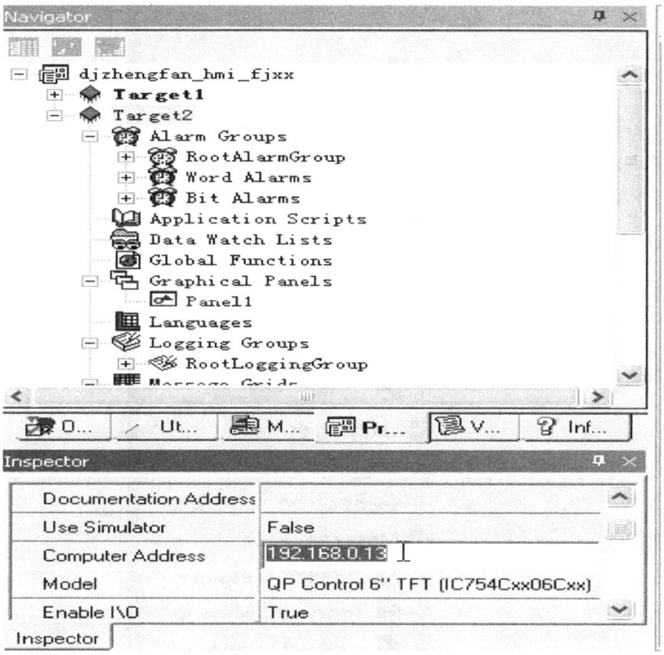

图 7.4　触摸屏地址配置

5　PAC 关联地址配置

在驱动中添加相关联 PAC 的地址(即 PLC 的 Target1 的地址),如图 7.5 所示。

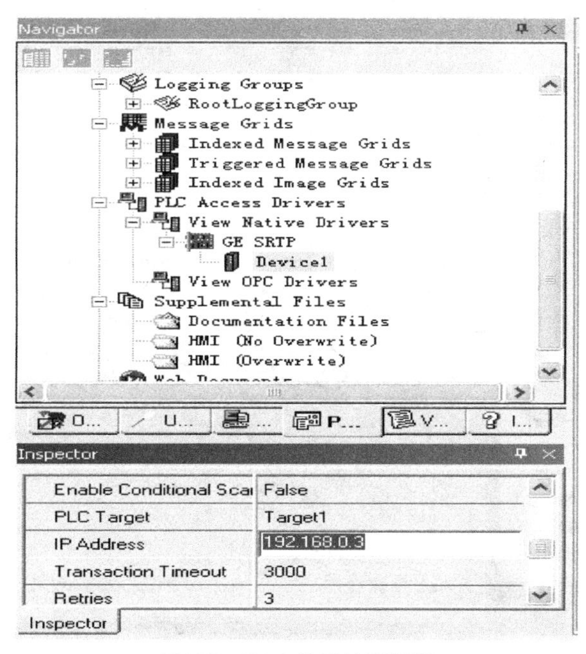

图 7.5　PAC 关联地址配置

6　触摸屏界面创建

双击图 7.6 中“Panel1”打开后显示如图 7.7 所示界面。

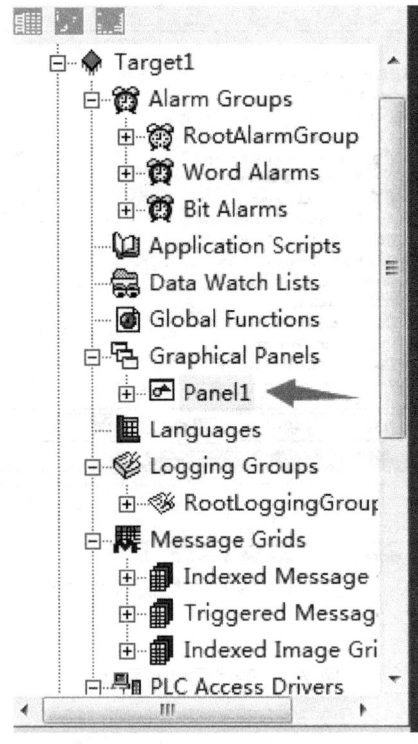

图 7.6　触摸屏界面创建

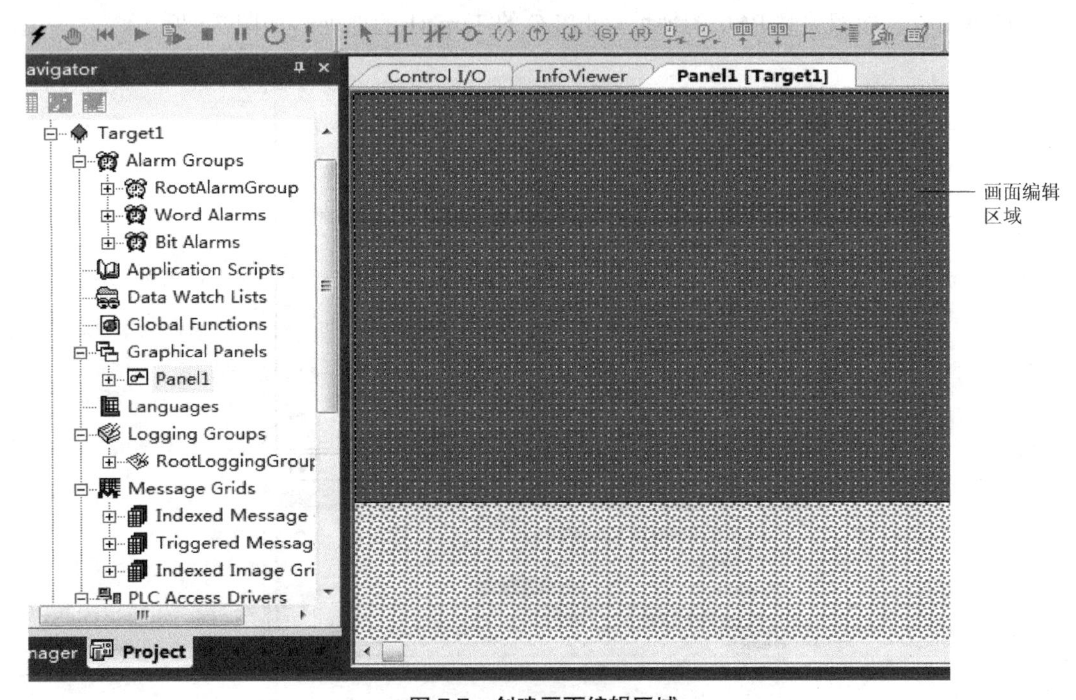

图 7.7　创建画面编辑区域

当一个画面不足以满足工程需要时，右键单击 Graphical Panels，选择 New Panel，即增加第 2 个画面，如图 7.8 所示。如还需增加，重复上述操作即实现。

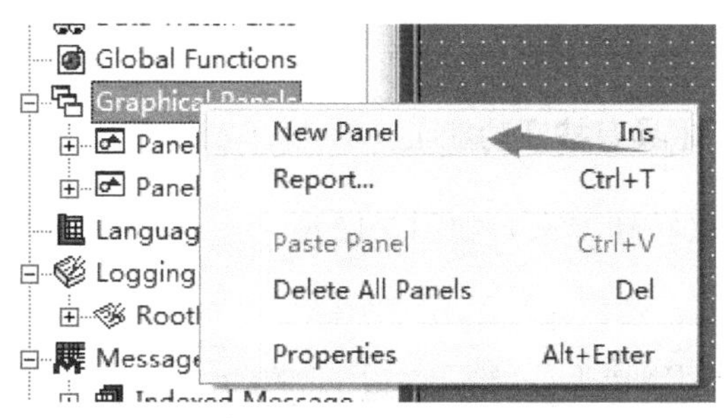

图 7.8　新增画面

7　如何加载一张照片

单击 加载画面专家，如图 7.9 所示。

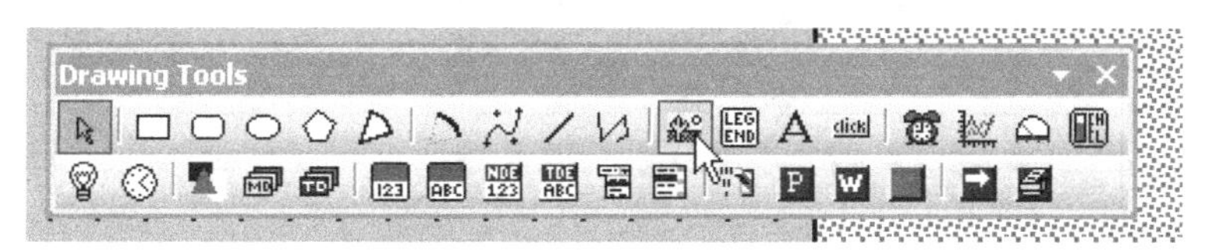

图 7.9　加载画面专家

出现画面加载工具，在画面中任意区域拖动所需画面大小，如图 7.10 所示。

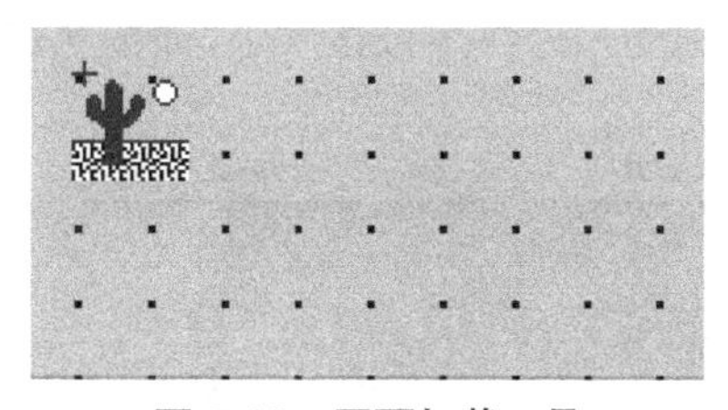

图 7.10　画面加载工具

出现对话框选择所需图片（注意：图片大小选择与触摸屏内存有关），如图 7.11 所示。

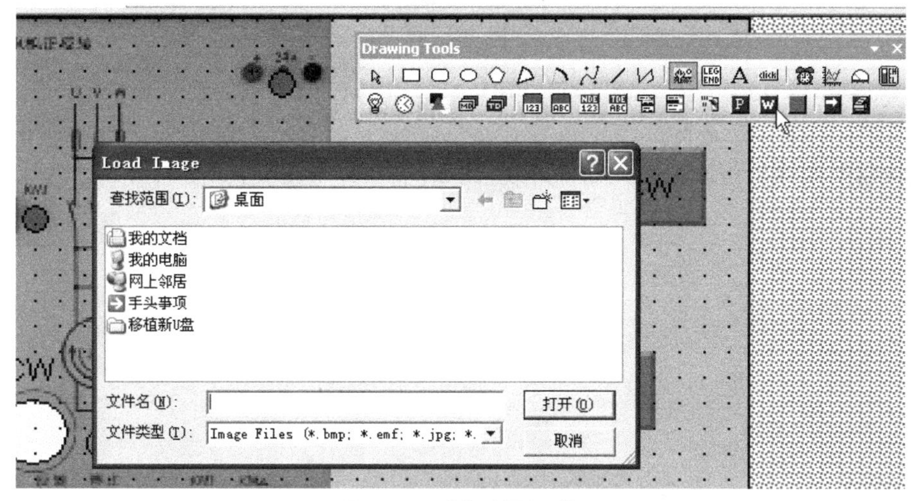

图 7.11　选择所需图片

加载图片完成后,在所需位置创建关联点。

8 创建一个关联点显示(具有按钮功能)

点击工具栏里的□(按钮专家),如图 7.12 所示。

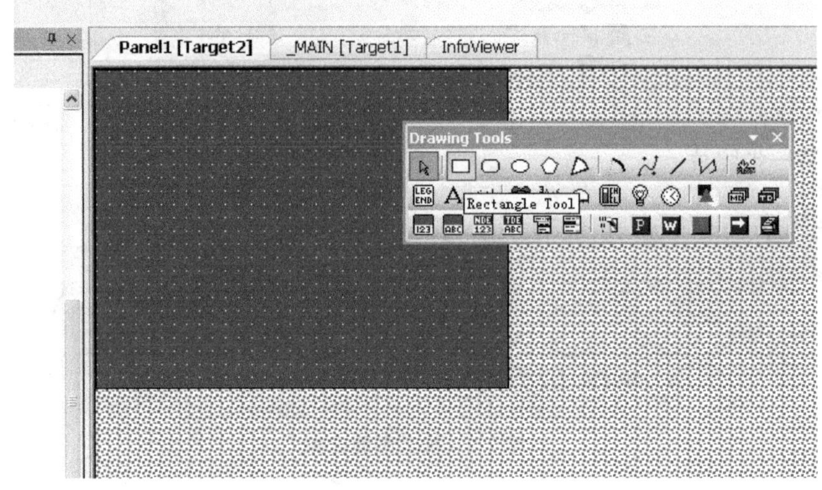

图 7.12 选择按钮

在区域内拖动创建按钮,拖动尺寸决定按钮大小,如图 7.13 所示。

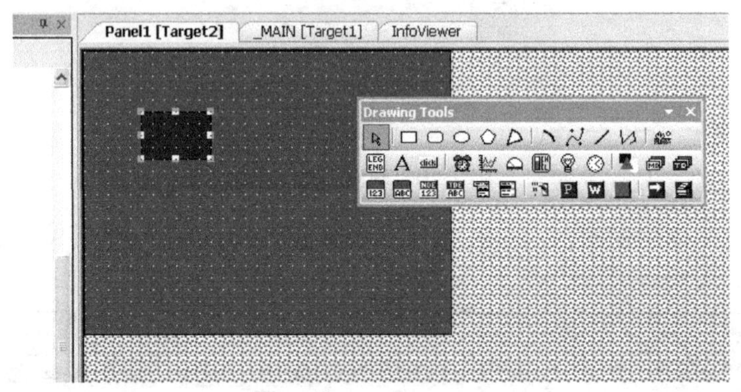

图 7.13 创建按钮

在按钮的属性里可以更改元器件外观,比如色彩,外形图案,如图 7.14 所示。

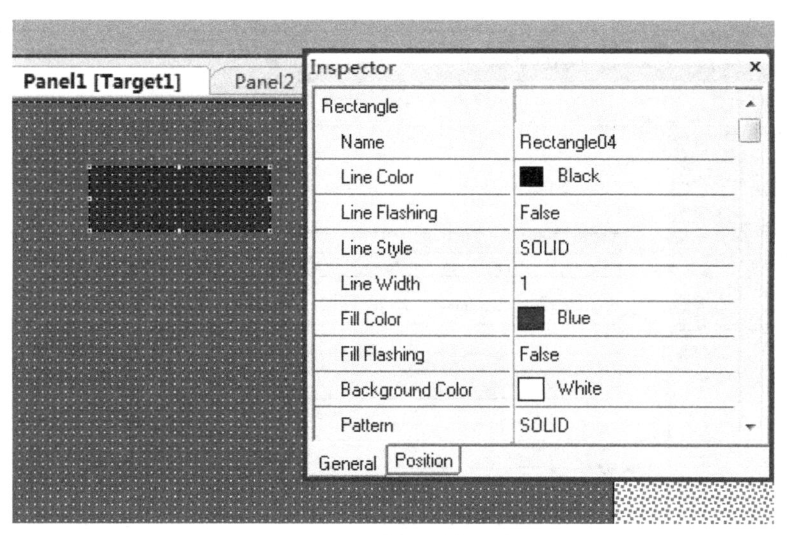

图 7.14　按钮属性设置

双击按钮选择目标变量 ON/OFF 颜色(数字变量在 0、1 状态下的颜色),如图 7.15 所示。

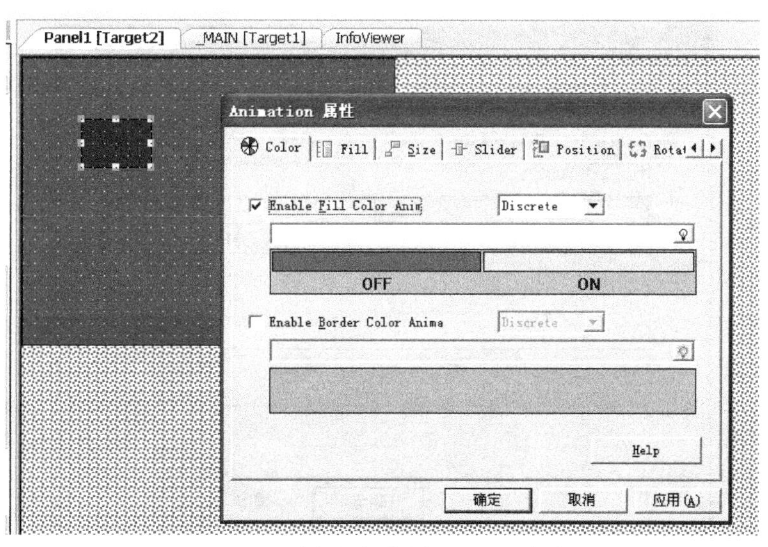

图 7.15　选择图标变量 ON/OFF 颜色

点击右边小灯泡,选择 Varable,选择需要的变量,如图 7.16 所示。

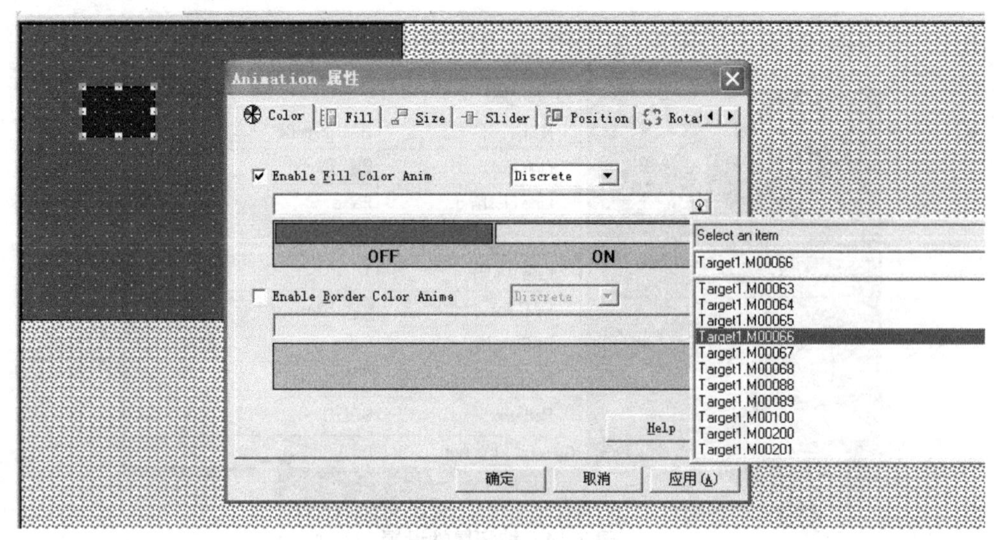

图 7.16 选择需要的变量

颜色选择完毕后,点击 Touch,在出现的对话框中选择在所需 Target 里面的控制变量,实现对程序的控制,如图 7.17 所示。按钮创建完毕,点击 下载触摸屏界面,实现程序控制。

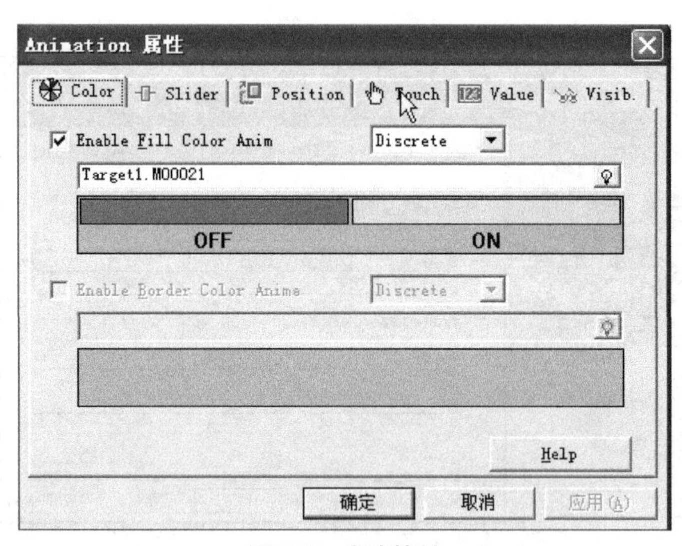

图 7.17 程序控制

9 创建一个关联按钮

点选 click 按钮,如图 7.18 所示。在画面中点击任意位置,如图 7.19 所示。

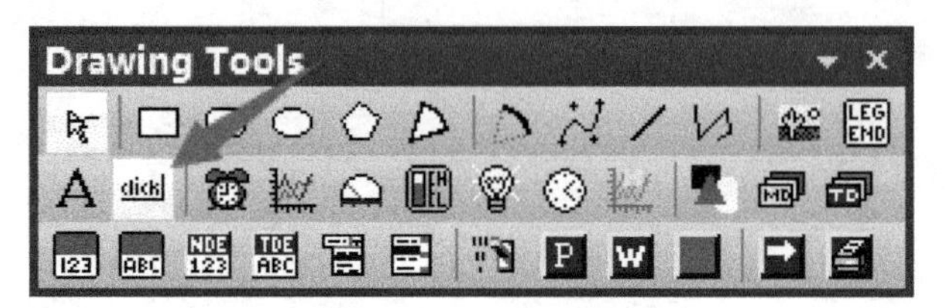

图 7.18 点击 click

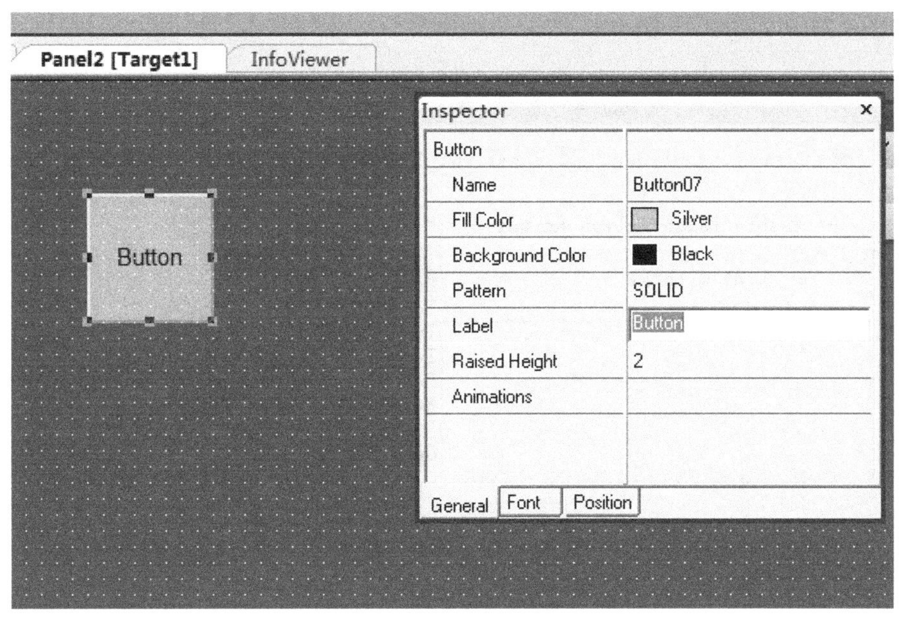

图 7.19　点击任意位置

用鼠标右键单击按钮选择 Inspector，在“Inspector”对话框中点选 Label 栏，修改其中文字，设置按钮中显示的文字。

双击按钮，出现图 7.20 所示对话框，在其中设置关联变量的颜色，再选择 Touch 选项。

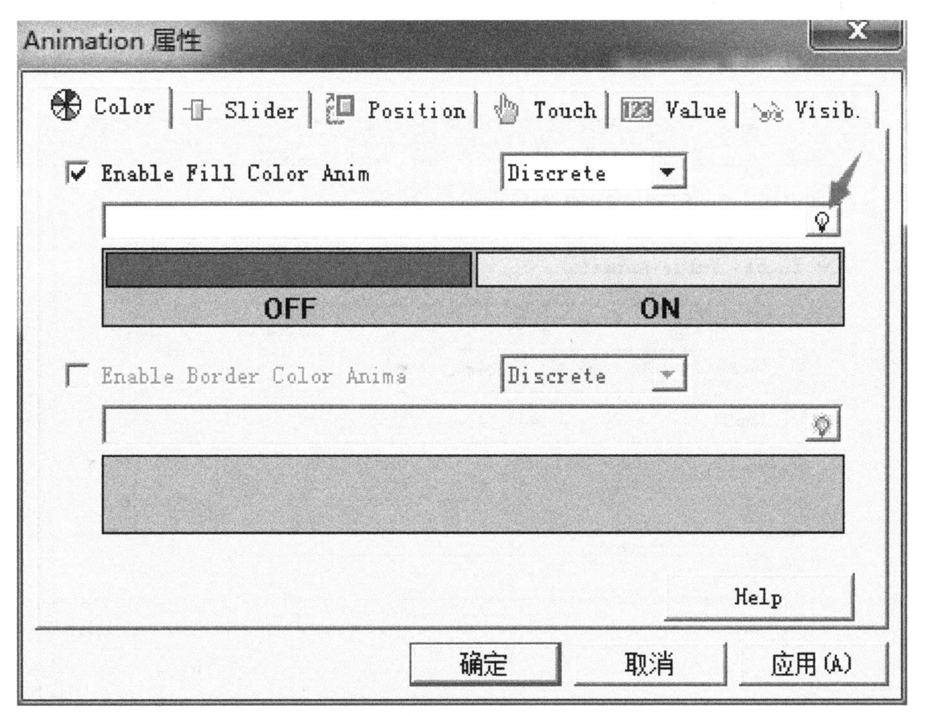

图 7.20　设置关联变量的颜色

选择 Enable Touch…选项，在其后选项框中可以选择所需按钮类型，在 处选择关联变量，如图 7.21 所示。

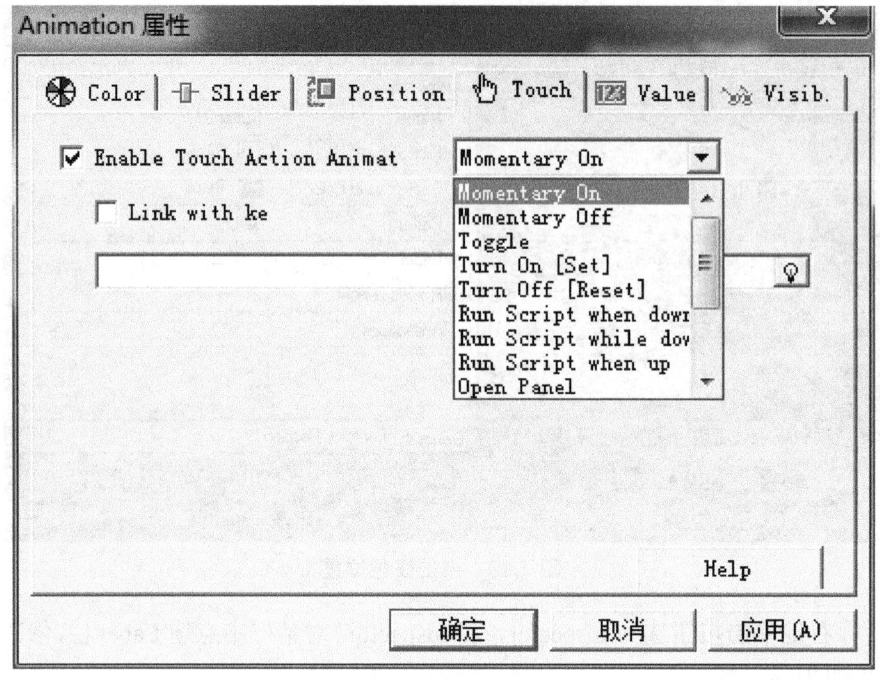

图 7.21　选择关联变量

10　创建一个模拟量显示

创建一个按钮，如关联按钮创建步骤，选择按钮双击，出现如图 7.22 所示对话框。

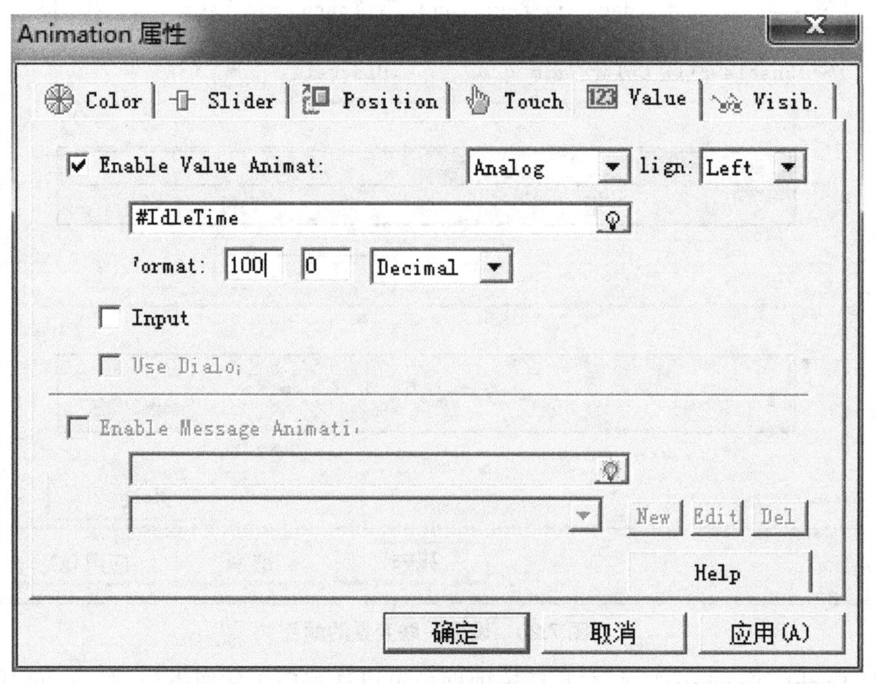

图 7.22　创建模拟量

在图 7.22 中勾选 Enable Value Animat（不选择后面的选项都会是灰色，禁止选择）。

各选项的定义如图 7.23 所示。完成之后选择应用，按“确定”按钮后即显示如图 7.24 所示画面。

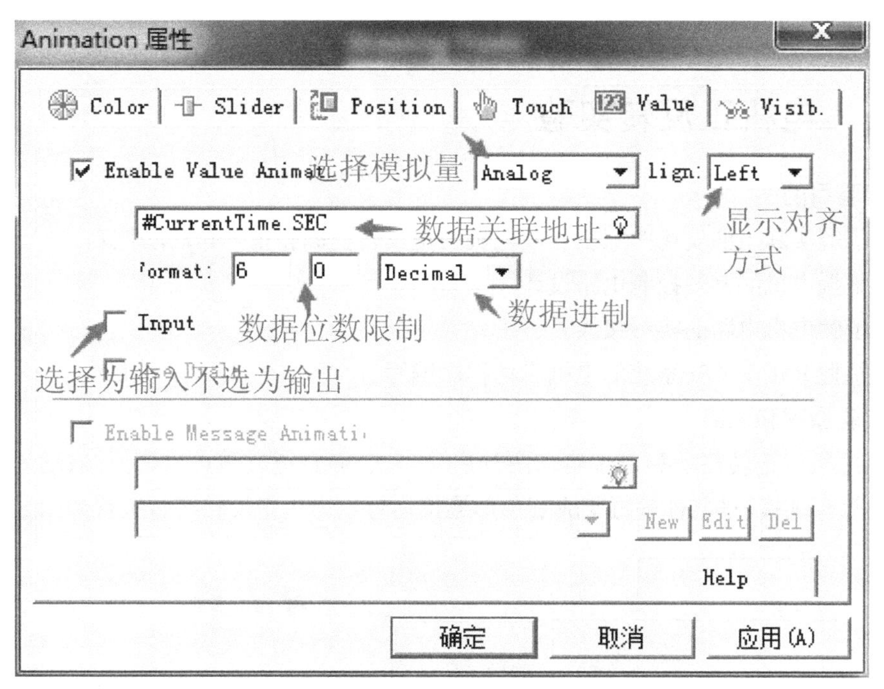

图 7.23　各选项的定义

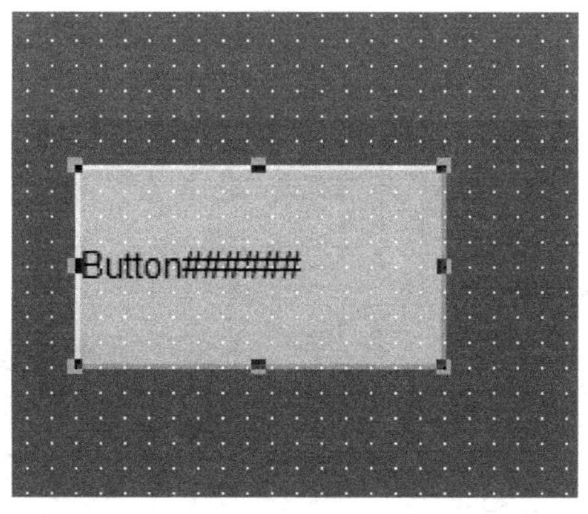

图 7.24　选择应用的画面

图 7.24 中 # 号为数据显示部分，Button 为按钮属性自带文字可以在属性中修改（在创建关联按钮中有介绍，可以参考）。

第 8 章　典型实验实例分析

实验 1　电机正反转实验

1. 实验目的

（1）了解实际工业现场中三相异步电机的正反转控制和星－角启动控制。

（2）掌握电机的常规控制电路设计。

（3）了解电机电路的实际接线。

（4）掌握 PAC RX 3i 系统的电机启动程序编写。

2. 实验原理和电路

交流电机有正转启动和反转启动两种启动方式，而且正反转可以切换，启动时，要求电机先接成星形连接，过几秒钟再变成三角形连接运行。电机正反转实验装置如图 8.1 所示。

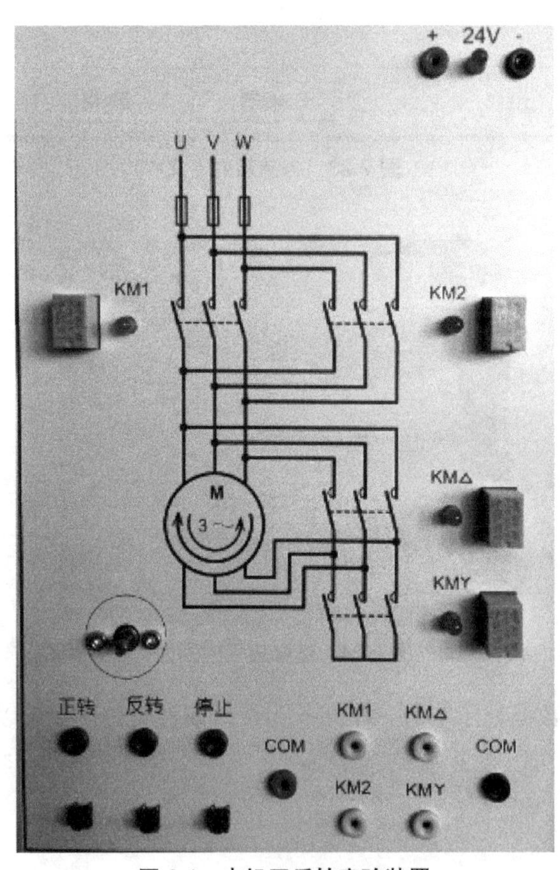

图 8.1　电机正反转实验装置

PLC 控制电机系统的 I/O 地址分配见表 8.1。

表 8.1　PLC 控制电机系统的 I/O 地址分配

输入		输出	
器件(触摸屏 M)	说明	器件	说明
I1(M21)	正转	Q1	正转
I2(M22)	反转	Q2	星形
I3(M23)	停止	Q3	三角形
		Q4	反转

电机星 - 角启动电气接口如图 8.2 所示。

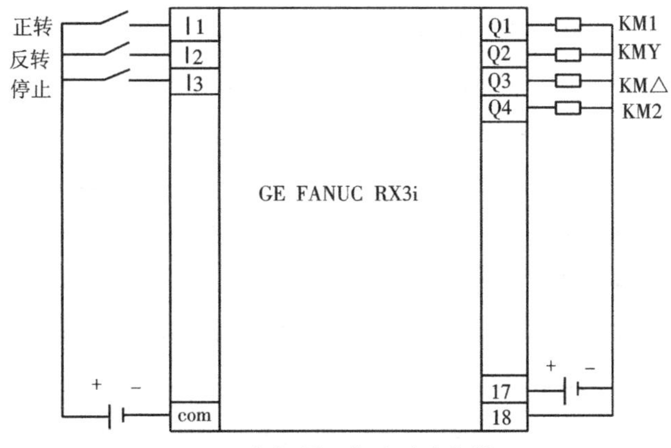

图 8.2　电机星 - 角启动电气接口

模块现场接线前请熟悉接线图,这里简单介绍下输入、输出模块的接线方法(接下来的实验中不再赘述)。详细请见第 1 章的模块介绍。

1) 输入模块现场接线

数字量输入模块 IC694MDL660,提供一组共用两个公共端的 32 个输入点,如图 8.3 所示。该模块既可以接成共阴回路又可以接成共阳回路,这样在硬件接线时就非常灵巧方便。在本系统中,统一规定本模块接成共阴回路,即 1 号端子由系统提供负电源,外部输入共阳。

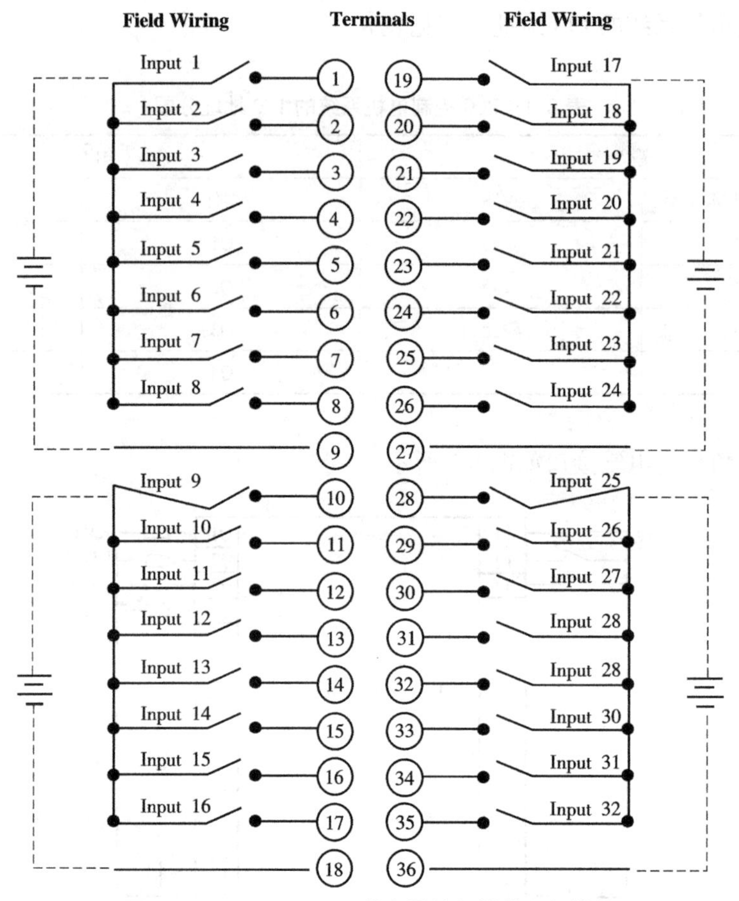

图 8.3　IC694MDL645 数字量输入模块现场接线

2）输出模块现场接线

数字输出模块 IC694MDL754，提供两组（每组 16 个）共 32 个输出点。每组有一个共用的电源输出端。这种输出模块具有正逻辑特性，它向负载提供的源电流来自用户共用端或者到正电源总线，输出装置连接在负电源总线和输出点之间，即 17 端接正电源，18 端接负电源及外部负载的共阴端。这种模块的输出特性为可兼容的负载很广，例如：电机、接触器、继电器、BCD 显示和指示灯。用户必须提供现场操作装置的电源。每个输出端用标有序号的发光二极管显示其工作状态（ON/OFF）。这个模块上没有熔断器，接线时必须注意。

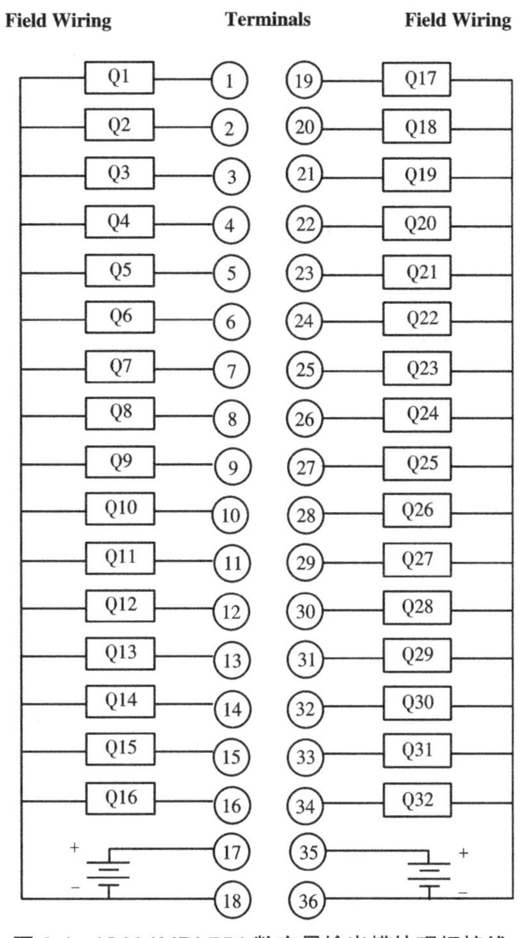

图 8.4　IC694MDL754 数字量输出模块现场接线

3. 实验步骤

（1）编写 PLC 程序，可参照参考程序，并检查其是否正确。

（2）按照电气接口图接线。

（3）下载程序。

（4）置 PLC 于运行状态，按下启动键，观察电机运行。

（5）实验结束后，关电源，整理实验器材。

4. 实验器材

（1）GE Fanuc 3i 系统，一套。

（2）PSY01 电机正反转模块，一块。

（3）网线，一根。

（4）连接导线，若干。

5. 预习要求

（1）复习控制电机星 - 角启动电路和正反转电路。

（2）熟悉本节实验原理、电路、内容及步骤。

6. 实验报告要求

(1)按照一定格式完成实验报告。

(2)注意在控制三相交流的实际电路中,电气接口应该如何连接,并采取哪些保护措施?

7. 电机星 – 角启动 PLC 控制参考程序

电机星 - 角启动 PLC 控制参考程序如图 8.5 所示。

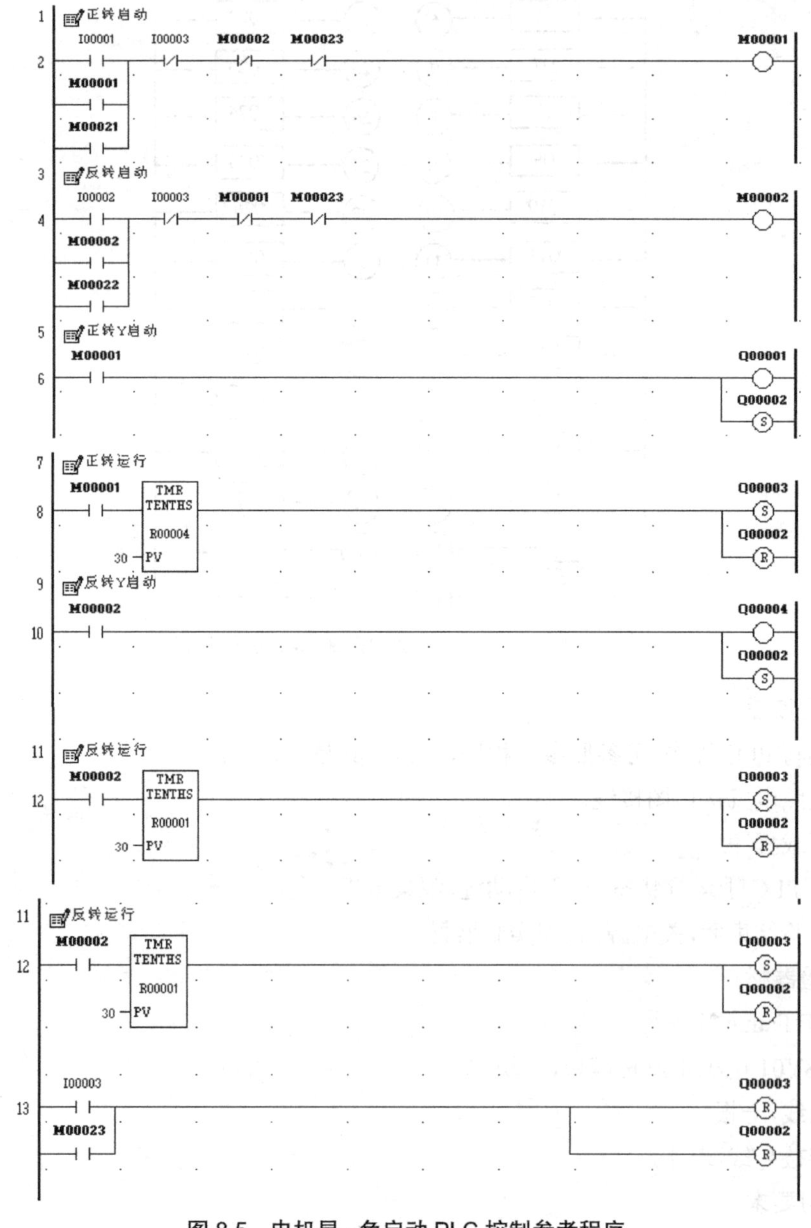

图 8.5　电机星 - 角启动 PLC 控制参考程序

实验 2　舞台灯光控制实验

1. 实验目的

（1）进一步掌握 PLC 的基本指令。

（2）掌握 PLC 与外部电路的实际接线。

（3）掌握舞台艺术灯和广告屏控制实验器的设计方法。

2. 实验原理及电路

霓虹灯广告和舞台灯光的控制都可以采用 PLC 进行，如灯光的闪耀、移位及时序的变化等。舞台灯光控制实验装置如图 8.6 所示。它共有 10 道灯管，直线、拱形、圆形及文字。闪烁的时序为中间文字 0.5 s 依次闪烁，外围灯管呈扩散状，循环往复。

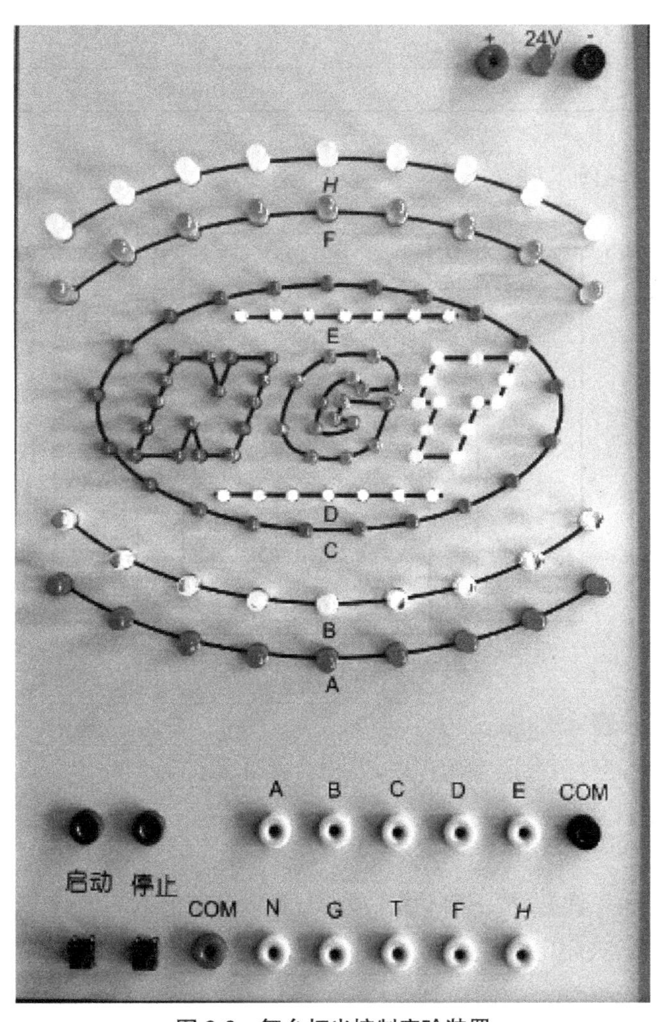

图 8.6　舞台灯光控制实验装置

舞台灯控制系统的 I/O 地址分配见表 8.2。

表 8.2 舞台灯控制系统的 I/O 地址分配

输入		输出	
器件(触摸屏 M)	说明	器件	说明
I1(M21)	启动开关	Q1	A
I2(M22)	停止开关	Q2	B
		Q3	C
		Q4	D
		Q5	E
		Q6	F
		Q7	H
		Q8	N
		Q9	G
		Q10	T

舞台灯光电气接口如图 8.7 所示。

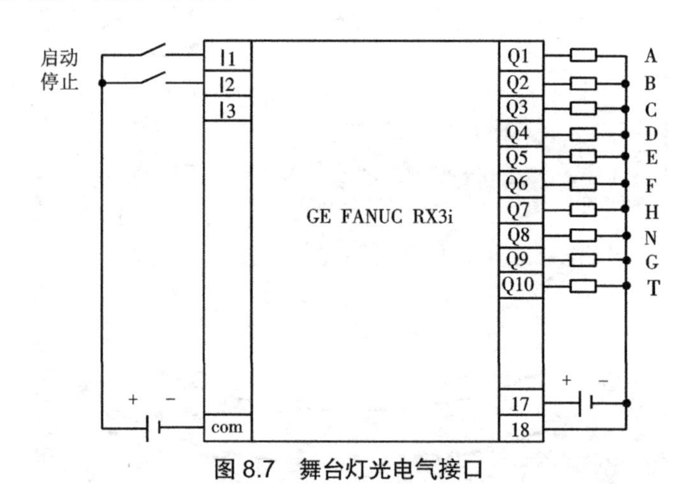

图 8.7 舞台灯光电气接口

3. 实验内容及步骤

(1)编写 PLC 程序,可参照参考程序,并检查保证其正确。

(2)按照电气接口图接线。

(3)下载程序。

(4)置 PLC 于运行状态,按下启动键,观察灯光闪烁状态。

(5)实验结束后,关闭电源,整理实验器材。

4. 实验器材

(1)GE Fanuc RX3i 系统,一套。

(2)PSY01 舞台灯光实验模块,一块。

(3)网线,一根。

（4）连接导线，若干。

5. 预习要求

（1）熟悉本次实验原理、电路、内容及步骤。

（2）复习 PLC 应用指令，步进指令的编程方法。

6. 实验报告要求

（1）按格式完成实验报告。

（2）自行设计一个霓虹灯广告屏控制程序，霓虹灯的工作时序自定。

7. 舞台灯光实验参考程序

舞台灯光实验参考程序如图 8.8 所示。

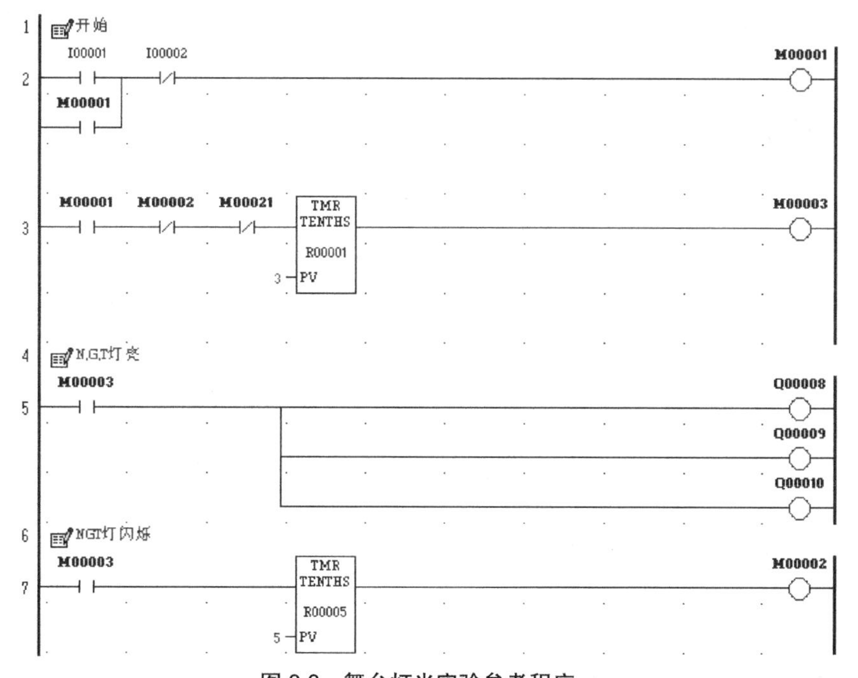

图 8.8　舞台灯光实验参考程序

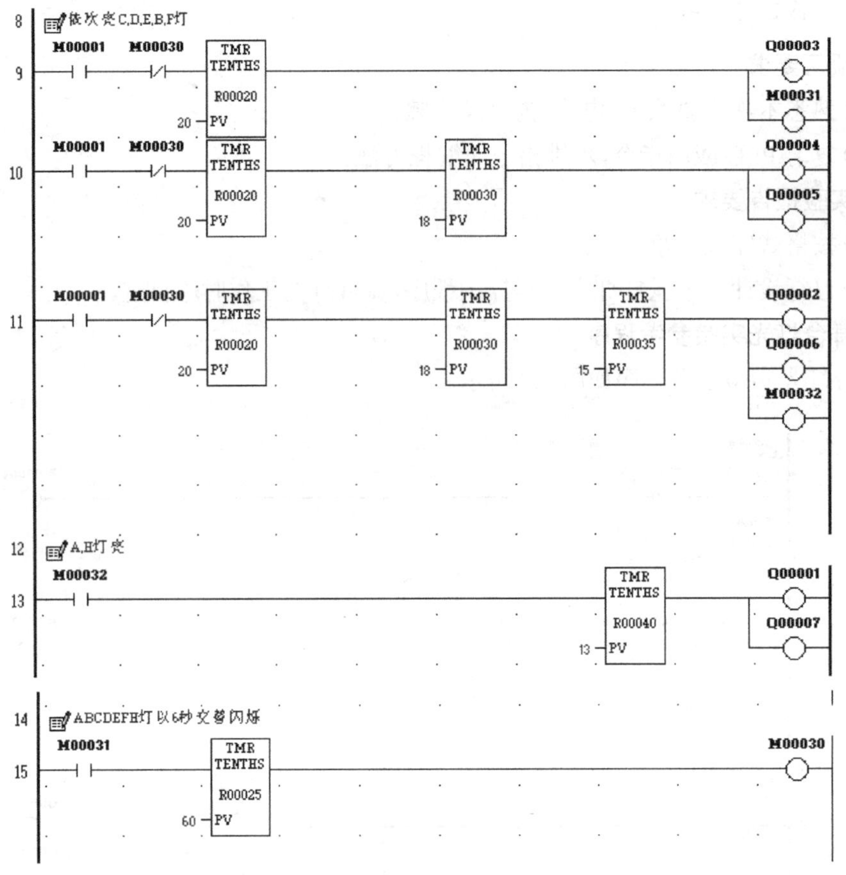

图 8.8 舞台灯光实验参考程序(续)

实验 3 交通信号灯自动控制实验

1. 实验目的

(1)掌握使用 PLC 控制十字路口交通灯的程序设计方法。

(2)掌握 PLC 与外部电路的实际接线。

(3)进一步熟悉 PLC 指令的运用。

2. 实验原理及电路

十字路口交通信号灯在日常生活中经常可以遇到,其通常采用数字电路控制或单片机控制,这里用 PLC 对其进行控制。交通信号灯自动控制实验装置如图 8.9 所示。

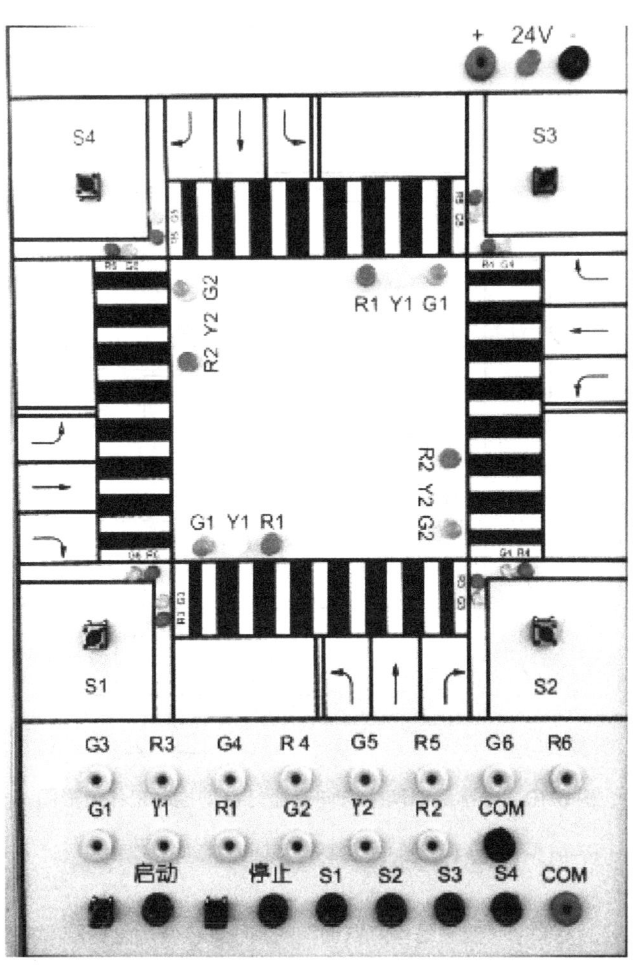

图 8.9　交通信号灯自动控制实验装置

图 8.10 为十字路口两个方向交通灯自动控制工作波形图。（参考程序里面的时间未按波形图编写，同学们可以自行修改）

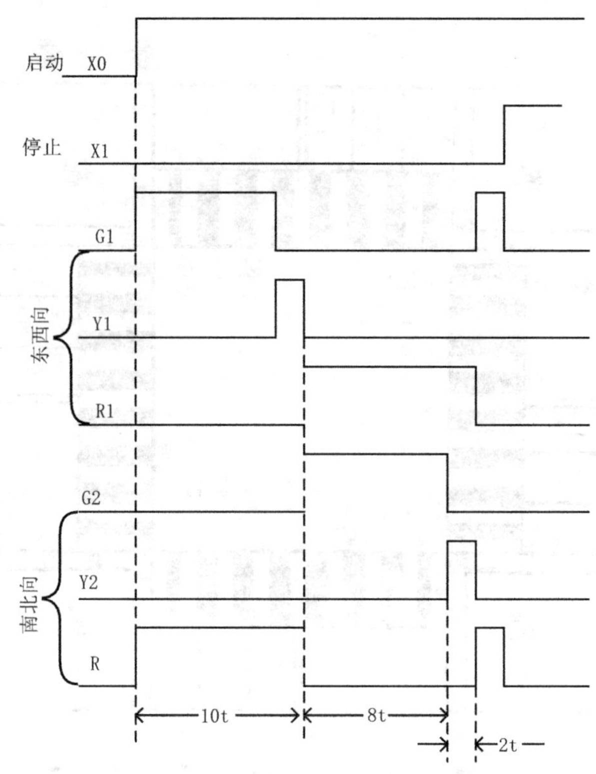

图 8.10　十字路口两个方向交通灯自动控制工作波形图

交通信号灯自动控制系统的 I/O 地址分配见表 8.3。

表 8.3　交通信号灯自动控制系统的 I/O 地址分配

输入		输出	
器件	说明	器件	说明
I1	START 开关	Q1	G1 南北绿灯
I2	STOP 开关	Q2	Y1 南北黄灯
I3	S1	Q3	R1 南北红灯
I4	S2	Q4	G2 东西绿灯
I5	S3	Q5	Y2 东西黄灯
I6	S4	Q6	R2 东西红灯
		Q7	G3
		Q8	R3
		Q9	G4
		Q10	R4
		Q11	G5
		Q12	R5
		Q13	G6
		Q14	R6

交通信号灯电气接口如图 8.11 所示。

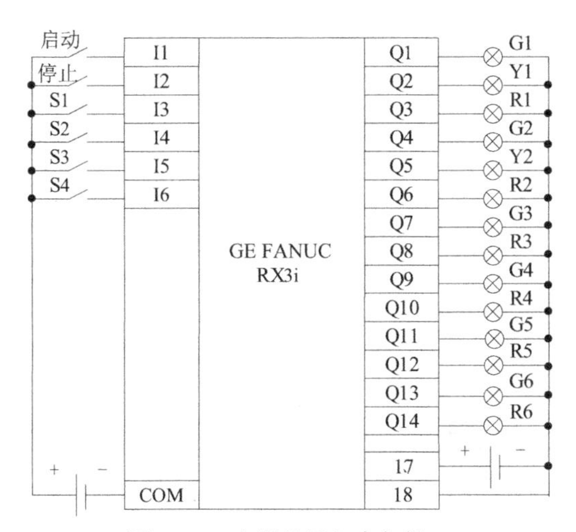

图 8.11　交通信号灯电气接口

3. 实验内容及步骤

（1）编写 PLC 程序，可参照参考程序，并检查保证其正确。

（2）按照电气接口图接线。

（3）下载程序。

（4）置 PLC 于运行状态，按下启动键，观察交通灯状态。

（5）实验结束后，关闭电源，整理实验器材。

4. 实验器材

（1）GE Fanuc RX3i 系统，一套。

（2）PSY01 交通灯模块，一块。

（3）网线，一根。

（4）连接导线，若干。

5. 预习要求

（1）预习定时器指令的功能及编程方法。

（2）熟悉 PLC 控制系统的体系结构和工作基本原理。

（3）熟悉 PLC 与交通信号灯模拟演示装置的电气接线原理图。

（4）了解本次实验的内容及步骤。

6. 实验报告要求

（1）按规定的格式完成实验报告。

（2）若用移位寄存器的指令实现交通信号灯的控制，其程序该如何编写。

（3）若用步进顺控指令实现控制，其程序该如何编写。

（4）在交通信号灯的实际控制电路中，若红、黄和绿灯显示用交流 36 V 或 220 V 灯炮，其实际电气接线图该如何绘制。

（5）如在程序中加入 S1、S2、S3、S4 人行道按钮，程序该如何编写。

7. 交通信号灯实验参考程序

交通信号灯实验参考程序如图 8.12 所示。

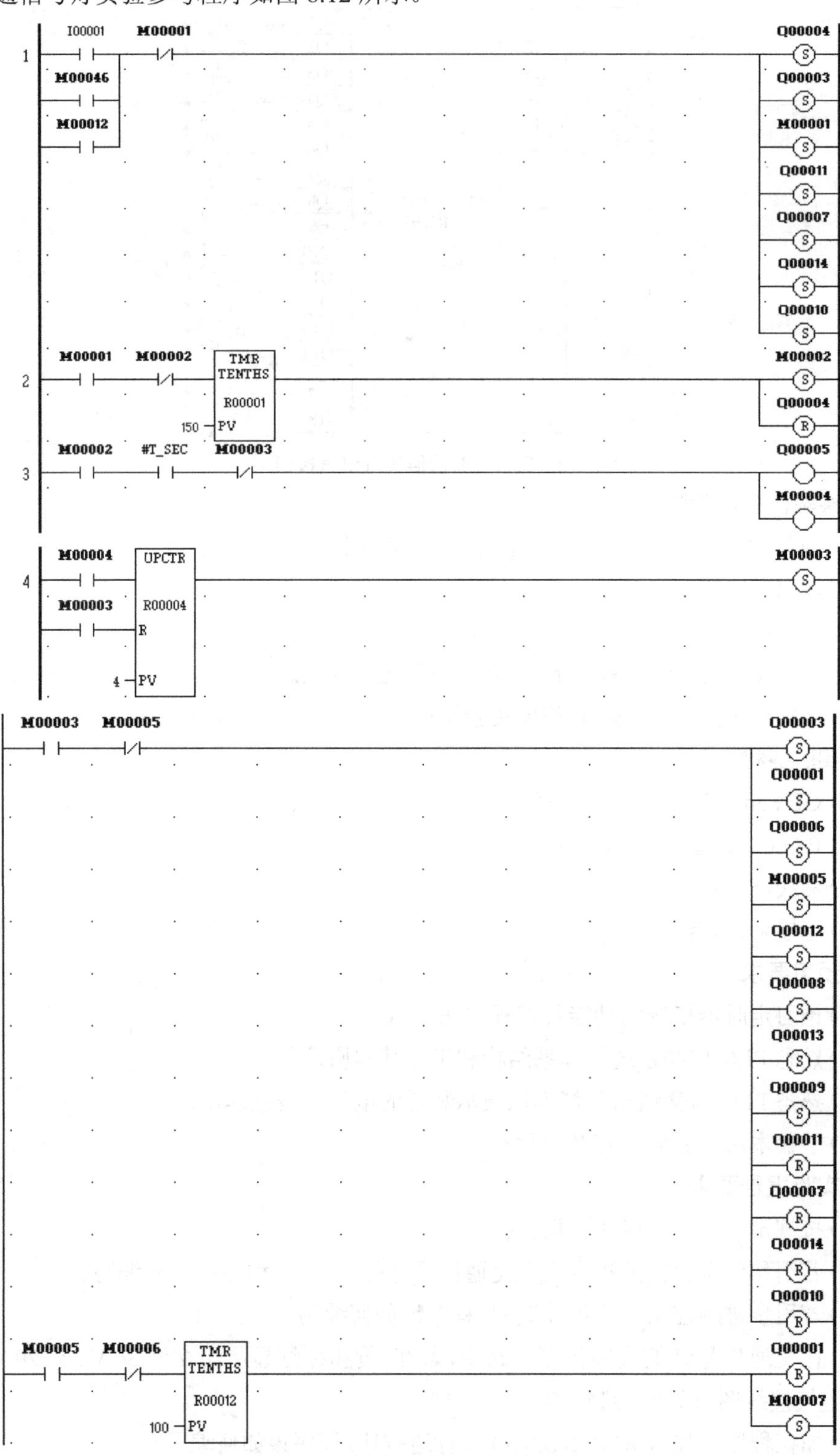

图 8.12　交通信号灯实验参考程序

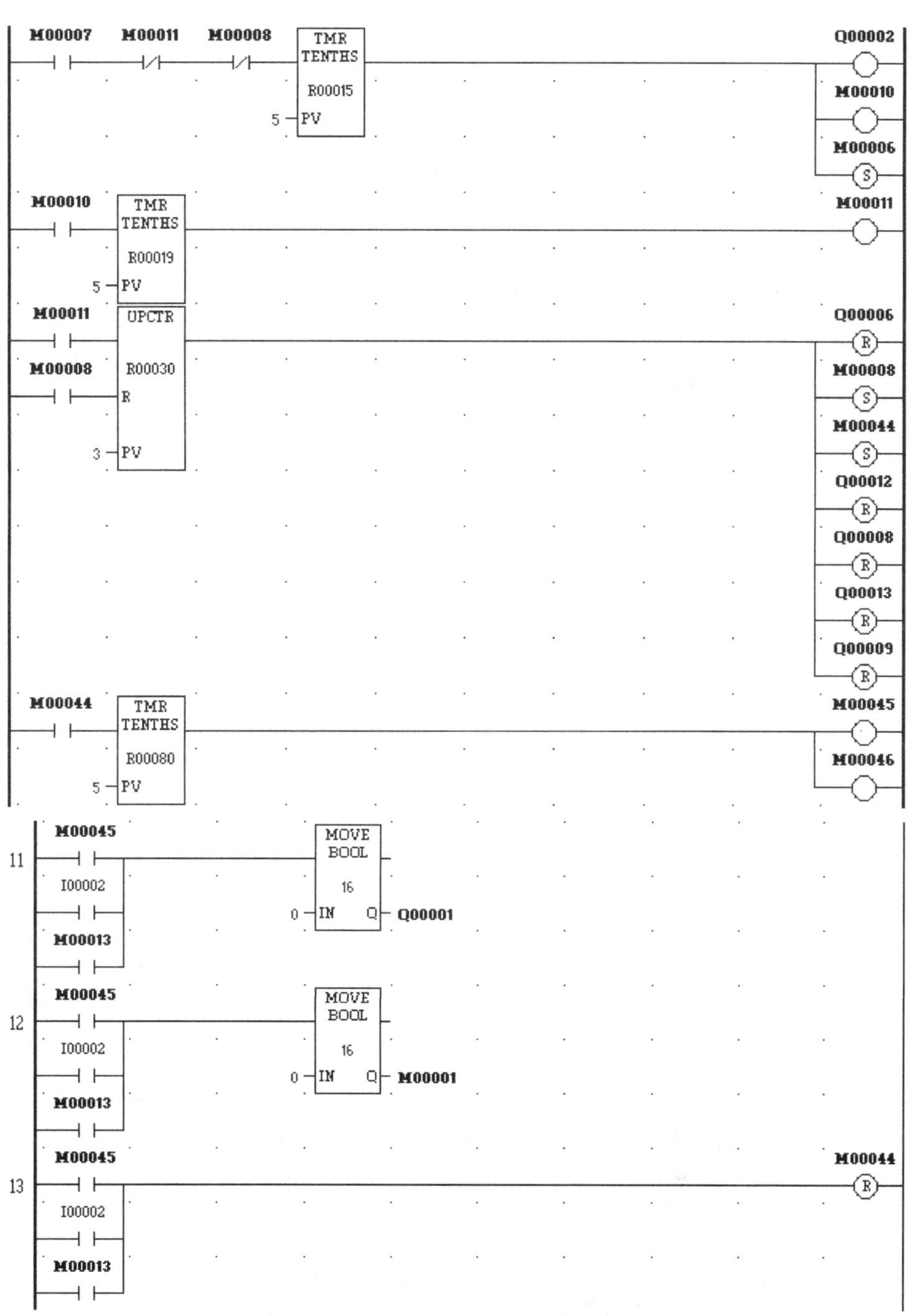

图 8.12　交通信号灯实验参考程序(续)

实验 4　加工中心刀库捷径方向选择控制实验(自动刀库)

1. 实验目的

(1)掌握 PLC 数据处理指令的运用。

(2)掌握数控加工中心刀库捷径方向选择的 PLC 控制的程序设计方法。

（3）掌握直流电机正转反转控制电路的设计。

2. 实验原理及电路

数控加工中心的刀库由步进电机或直流电机控制，图 8.13 为回转式刀库加工中心刀库工作台模拟装置。上面设有 8 把刀，分别在 1，2，3，…，8 刀位，每个刀位有一个霍尔开关。刀库由小型直流减速电机带动低速旋转，转动时，刀盘上的磁钢检测信号，反映刀号位置。

编写程序完成以下功能。开机时，刀盘自动复位在 1 号刀位，操作者可以任意选择刀号。比如，现在选择 3 号刀位（并按住，实际机床中主要防止错选刀号），程序判别最短路径，是正转还是反转，这时刀盘应该正转到 3 号刀位，到位后，会看到到位信号灯常亮，告知刀已选择，此时，松开选择按钮。如选择 6、7、8 号刀，则情况反之。对面刀号定义为正转。

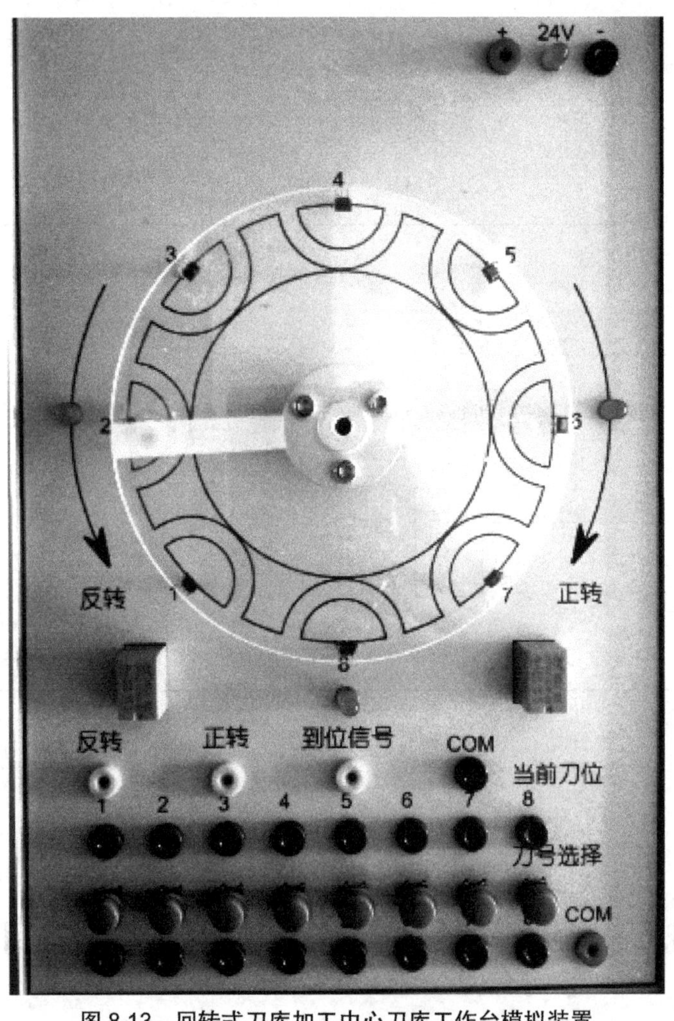

图 8.13　回转式刀库加工中心刀库工作台模拟装置

自动刀库的 I/O 地址分配见表 8.4。

表 8.4　自动刀库的 I/O 地址分配

输入		输出	
器件(触摸屏 M)	说明	器件	说明
I1(M101)	刀号选择 1	Q1	反转
I2(M102)	刀号选择 2	Q2	正转
I3(M103)	刀号选择 3	Q3	到位信号灯
I4(M104)	刀号选择 4		
I5(M105)	刀号选择 5		
I6(M106)	刀号选择 6		
I7(M107)	刀号选择 7		
I8(M108)	刀号选择 8		
I9	当前刀位 1		
I10	当前刀位 2		
I11	当前刀位 3		
I12	当前刀位 4		
I13	当前刀位 5		
I14	当前刀位 6		
I15	当前刀位 7		
I16	当前刀位 8		

自动刀库电气接口如图 8.4 所示。

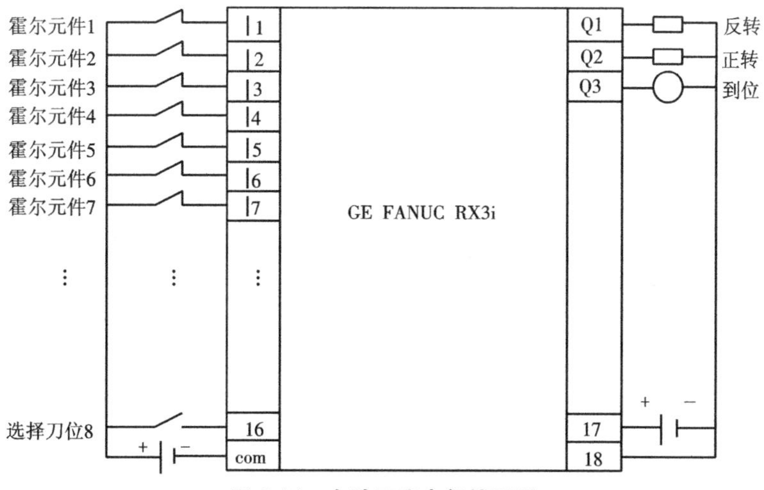

图 8.14　自动刀库电气接口图

3. 实验内容及步骤

(1)编写 PLC 程序,可参照参考程序,并检查保证其正确。

(2)按照电气接口图接线。

（3）下载程序。

（4）置 PLC 于运行状态，选择刀号，观察刀库的实际运转情况。

（5）实验结束后，关闭电源，整理实验器材。

4. 实验器材

（1）GE Fanuc RX3i 系统，一套。

（2）PSY01 自动刀库模块，一块。

（3）网线，一根。

（4）连接导线，若干。

5. 预习要求

（1）熟悉本次实验原理、电路、内容及步骤。

（2）阅读本次实验的实验内容及步骤。

（3）复习 PLC 指令的编程方法。

6. 实验报告要求

（1）按格式完成实验报告。

（2）思考使用 4 个 PLC 输出同时控制电机的正转、反转，该电气接口图该如何绘制。

（3）若索取刀号（希望刀号）的数据用拨码开关输入，其控制程序该如何编写。

7. 自动刀库实验参考程序

自动刀库实验参考程序如图 8.15 所示。

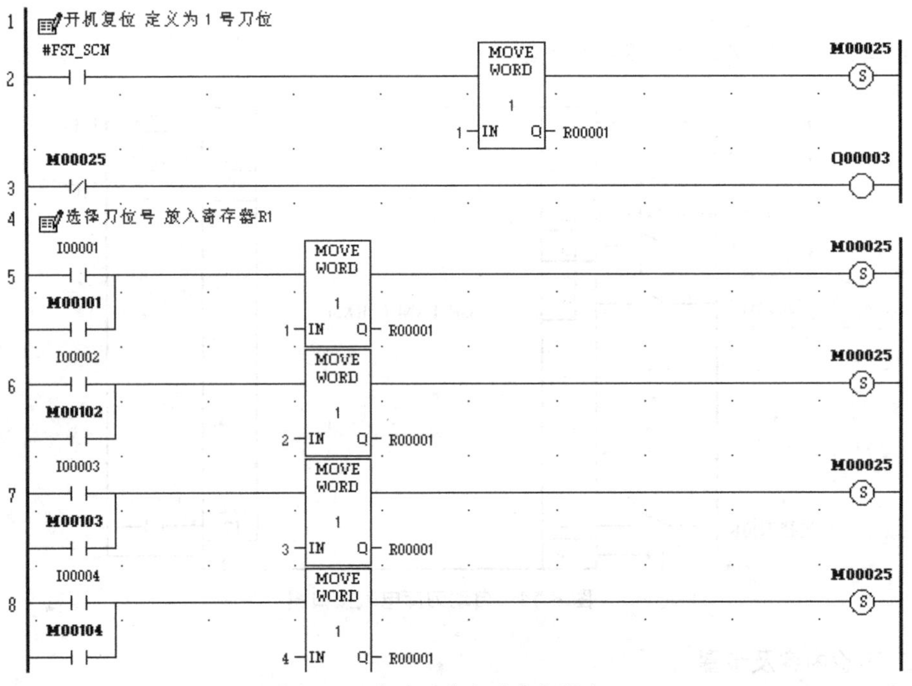

图 8.15　自动刀库实验参考程序

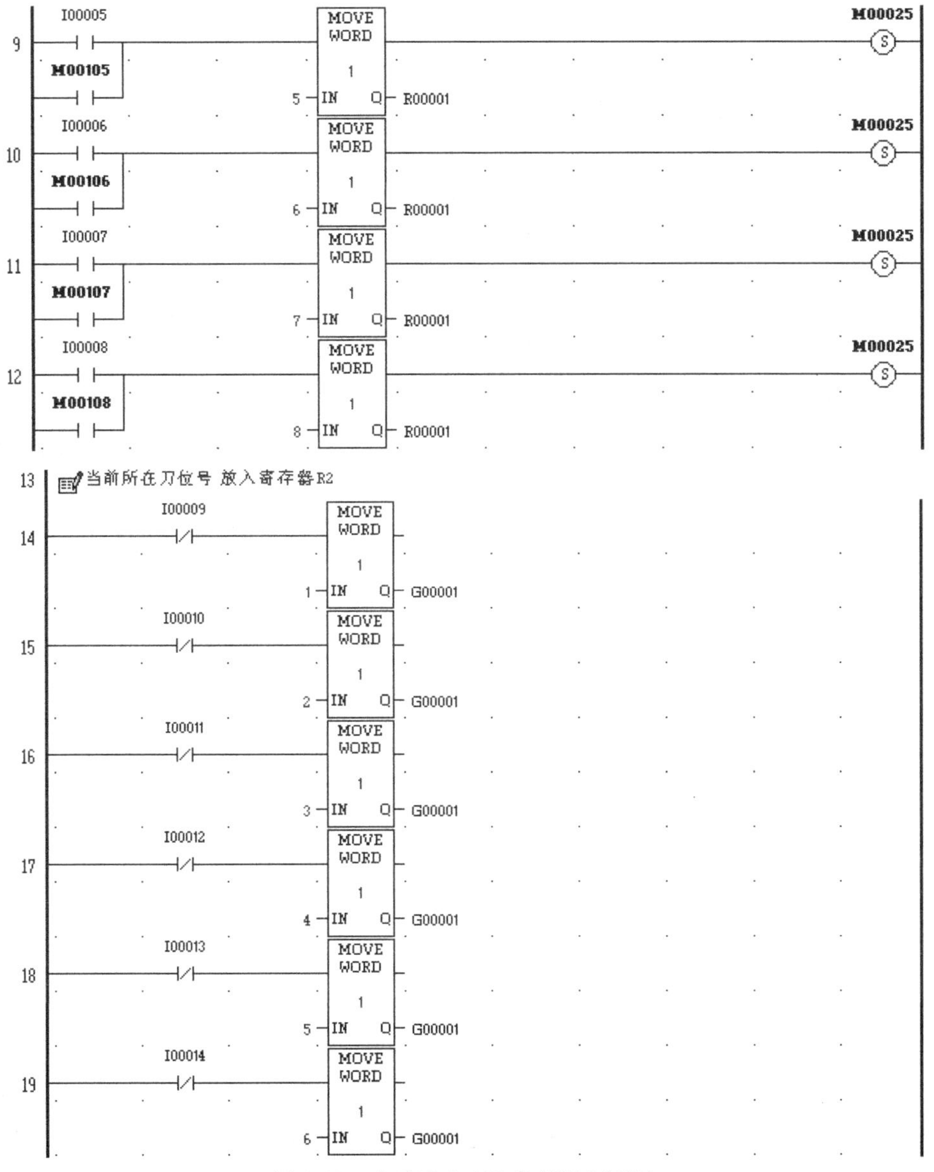

图 8.15　自动刀库实验参考程序（续）

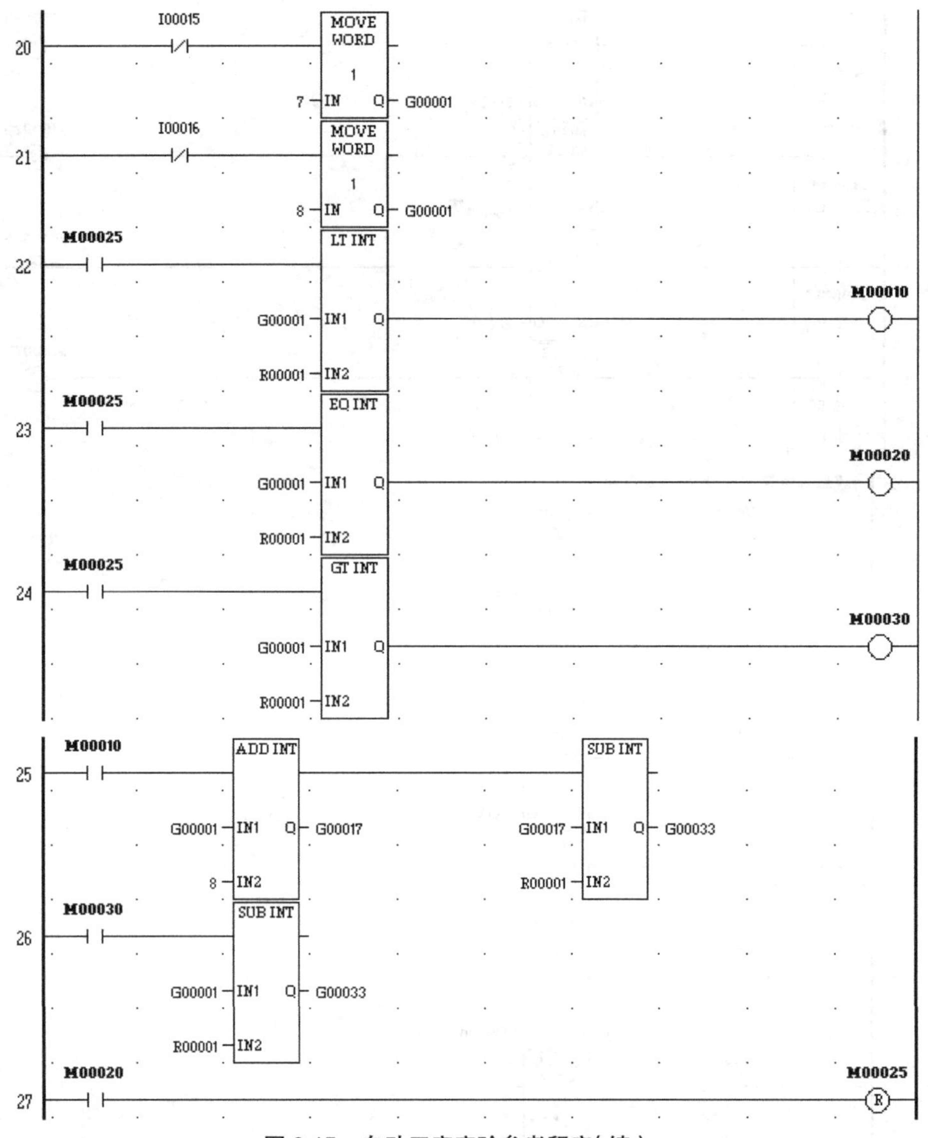

图 8.15　自动刀库实验参考程序(续)

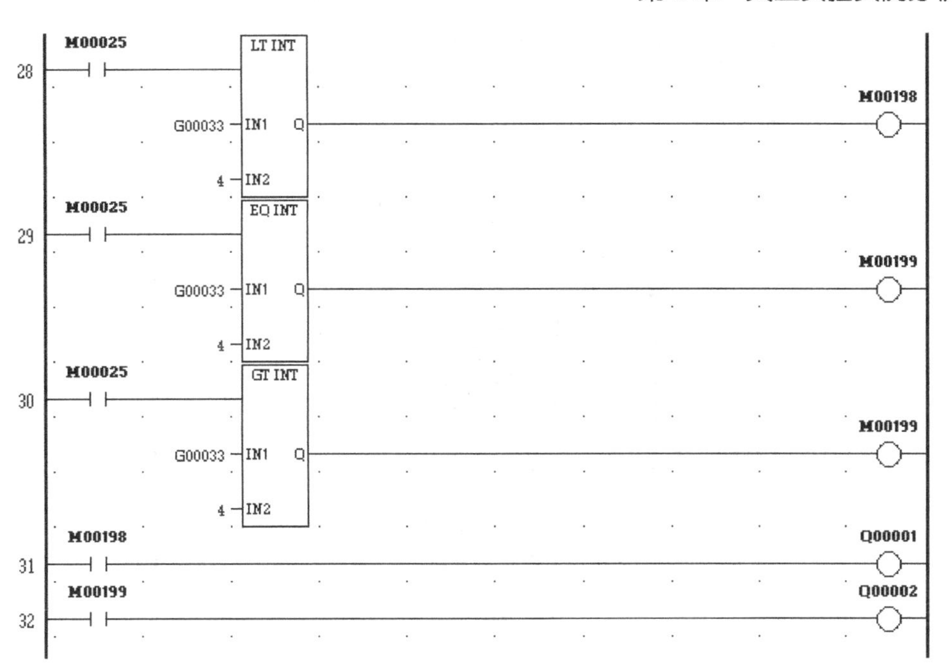

图 8.15　自动刀库实验参考程序（续）

实验 5　全自动洗衣机模拟实验

1. 实验目的

（1）了解全自动洗衣机的基本工作原理。

（2）熟悉 PLC 对洗衣机的控制。

2. 实验原理及电路

全自动洗衣机是日常生活中普遍使用的自动化电器，给生活带来了方便，本节实验将模拟全自动洗衣机，了解其工作原理。全自动洗衣机模拟实验装置如图 8.16 所示。

全自动洗衣机工作流程如下。

启动：按下启动按钮进水口开始进水，进水口指示灯亮；当水位达到高水位限制开关的时候，停止进水，运行灯亮。

洗衣过程：当进水完成后，洗涤电机开始转动，运行指示灯闪烁，为了更好地洗涤衣服，设定洗涤电机正转、反转相互交替三次（可自由改动）；当设定洗涤次数完成时，排水灯亮，洗涤电机停止转动，将桶内水排完；当水排完后，洗涤电机启动，将衣服甩干；当设定的时间结束时，洗衣完成，排水灯熄灭，运行指示灯灭。在洗衣过程中，水位超过高水位限位点时，报警，指示灯亮，洗涤电机停止转动，指示灯熄灭。

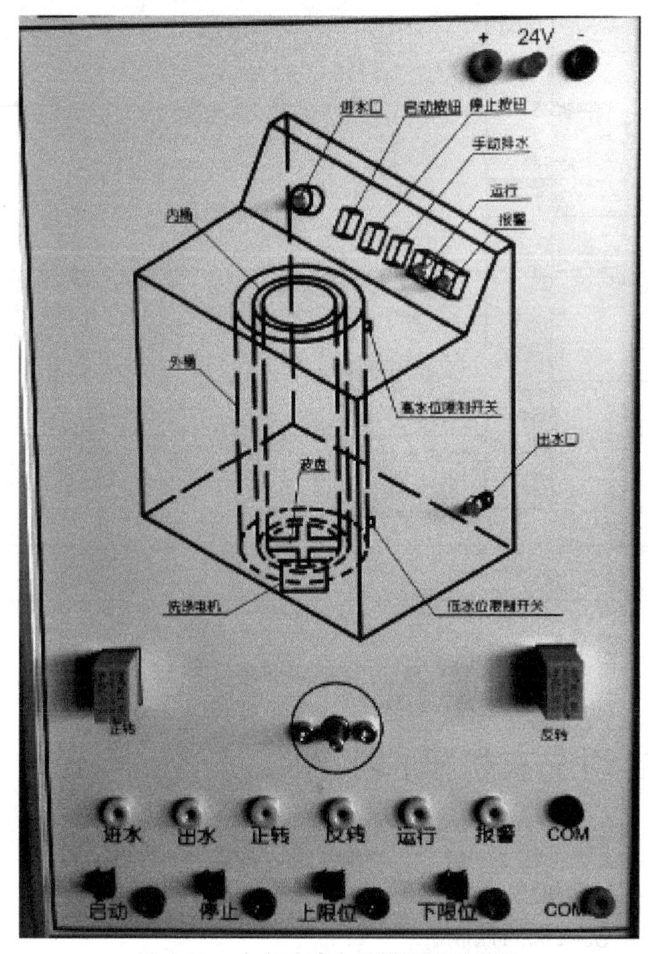

图 8.16　全自动洗衣机模拟实验装置

全自动洗衣机系统的 I/O 地址分配见表 8.5。

表 8.5　全自动洗衣机系统的 I/O 地址分配表

输入		输出	
器件(触摸屏 M)	说明	器件	说明
I1(4M)	启动	Q1	进水
I2(6M)	停止	Q2	出水
I3(7M)	上限	Q3	正转
I4(8M)	下限	Q4	反转
		Q5	运行指示灯
		Q6	报警指示灯

全自动洗衣机电气接口如图 8.17 所示。

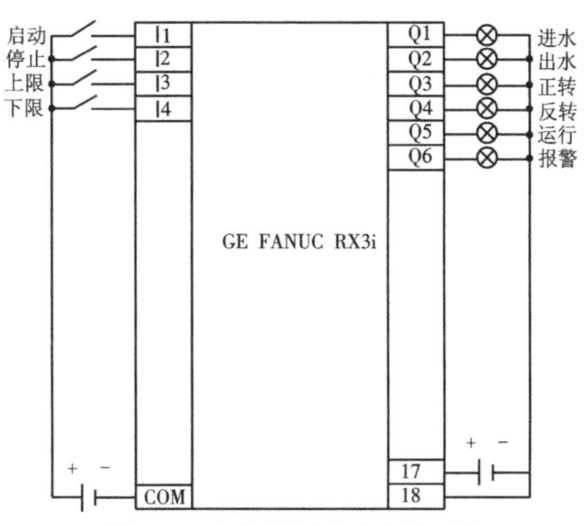

图8.17　全自动洗衣机电气接口图

3. 实验内容及步骤

(1)编写PLC程序,可参照参考程序,并检查保证其正确。

(2)按照电气接口图接线。

(3)下载程序。

(4)置PLC于运行状态,调试和运行程序,观察实际运转情况。

(5)实验结束后,关闭电源,整理实验器材。

4. 实验器材

(1) GE Fanuc RX3i系统,一套。

(2) PSY01全自动洗衣机模块,一块。

(3)网线,一根。

(4)连接导线,若干。

5. 预习要求

熟悉本次实验原理、电路、内容及步骤。

6. 实验报告要求

(1)按格式完成实验报告。

(2)改变控制顺序,完成程序编写。

7. 全自动洗衣机实验参考程序

全自动洗衣机实验参考程序如图8.18所示。

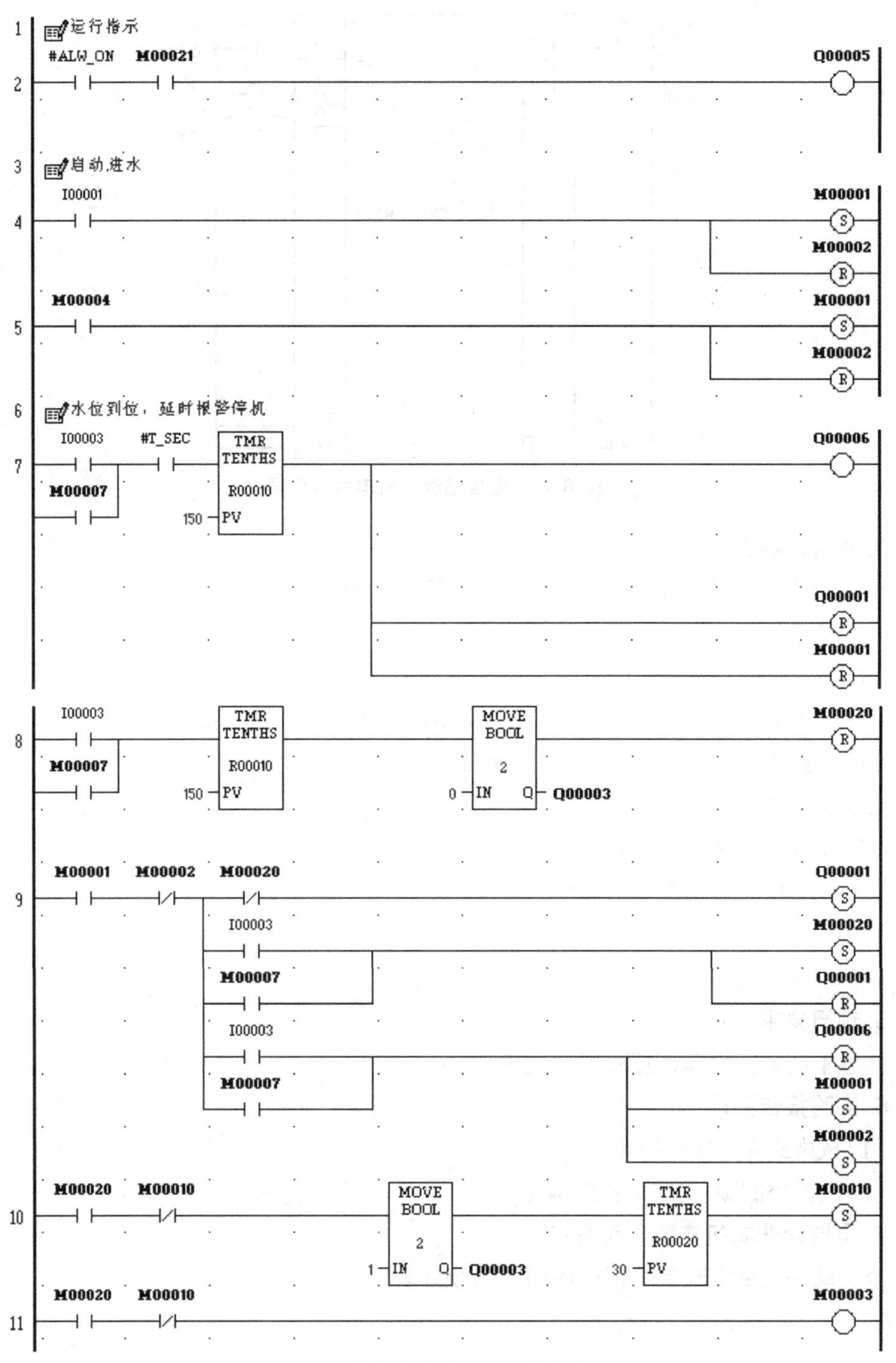

图 8.18　全自动洗衣机实验参考程序

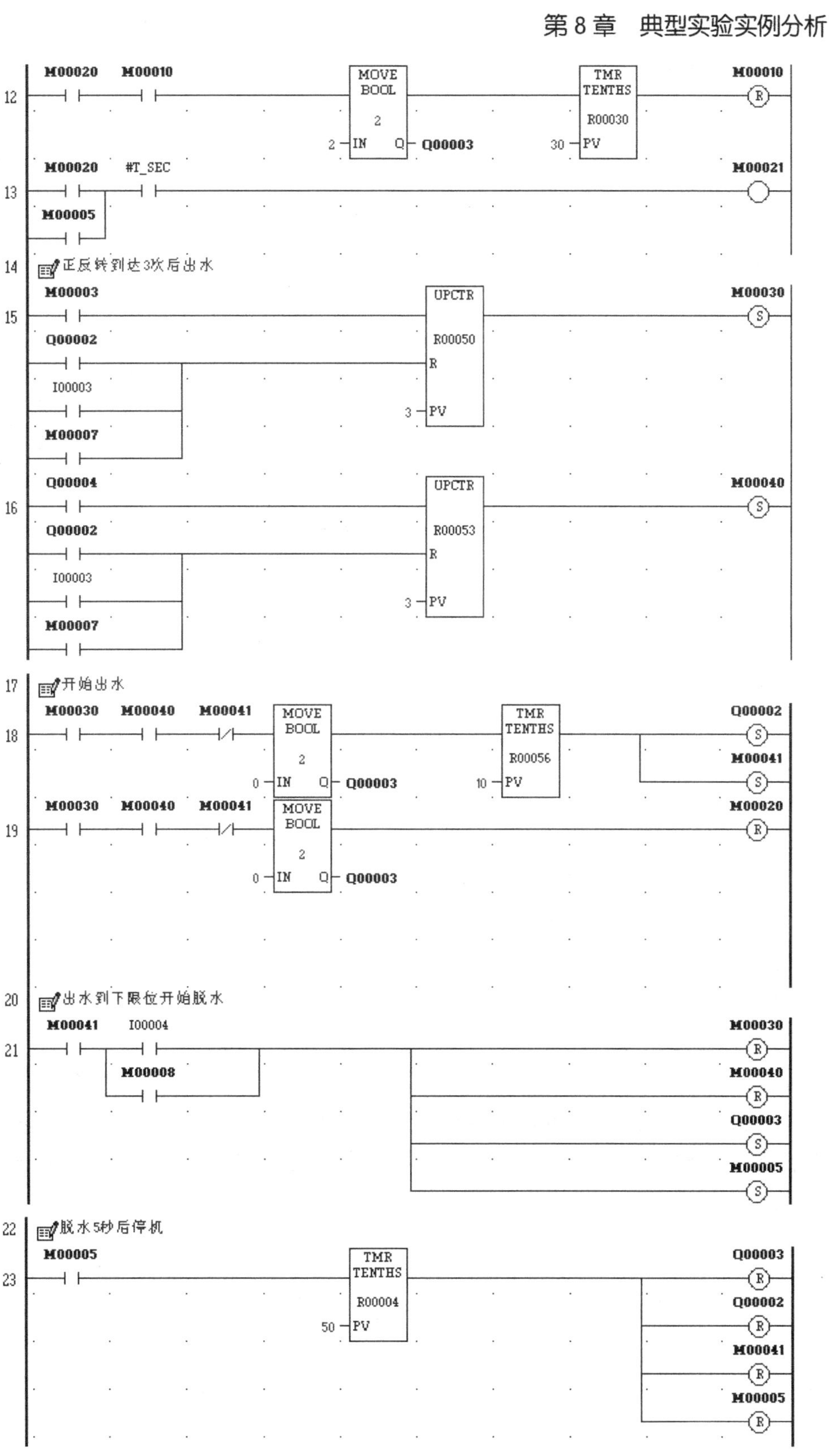

图 8.18　全自动洗衣机实验参考程序(续)

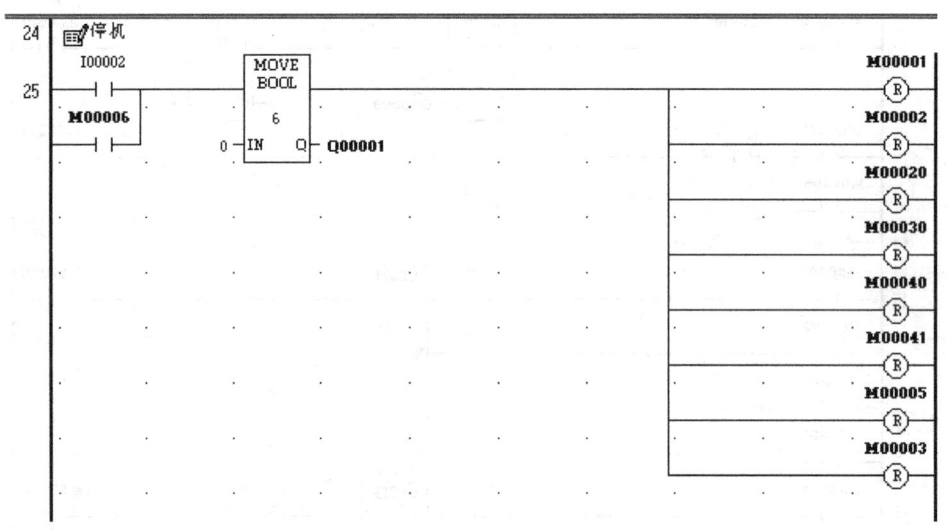

图 8.18　全自动洗衣机实验参考程序（续）

实验 6　机械手搬运模拟实验

1. 实验目的

（1）了解机械手工作的基本原理。

（2）用 PLC 实现对机械手的模拟。

2. 实验原理及电路

机械手的应用是现代工业自动化发展的重要一步，大大节约了人力、物力，是工作中可能遇到的重要的工业设备，有必要了解其工作原理及控制方法。机械手搬运模拟实验装置如图 8.19 所示。

机械手操作流程如下。

复位：把 PLC 调至 run 挡，按下 SQ2 和 SQ4，手动使机械手回到原点（左移到位），气爪张开。

启动：按下启动按钮，机械手下降，按下 SQ1，下端传感器到位，气爪夹紧，机械手上升，当触碰到 SQ2 时，上升到位，机械手伸出，当触碰到 SQ3 时，右移到位，机械手下降，触碰到 SQ1 下降到位，气爪张开，放松工件，机械手上升，又触碰到 SQ2 时，上升到位，机械手缩回，到达原点，一次工件搬运完成。循环上述动作。

停止：按下停止按钮，结束流程。

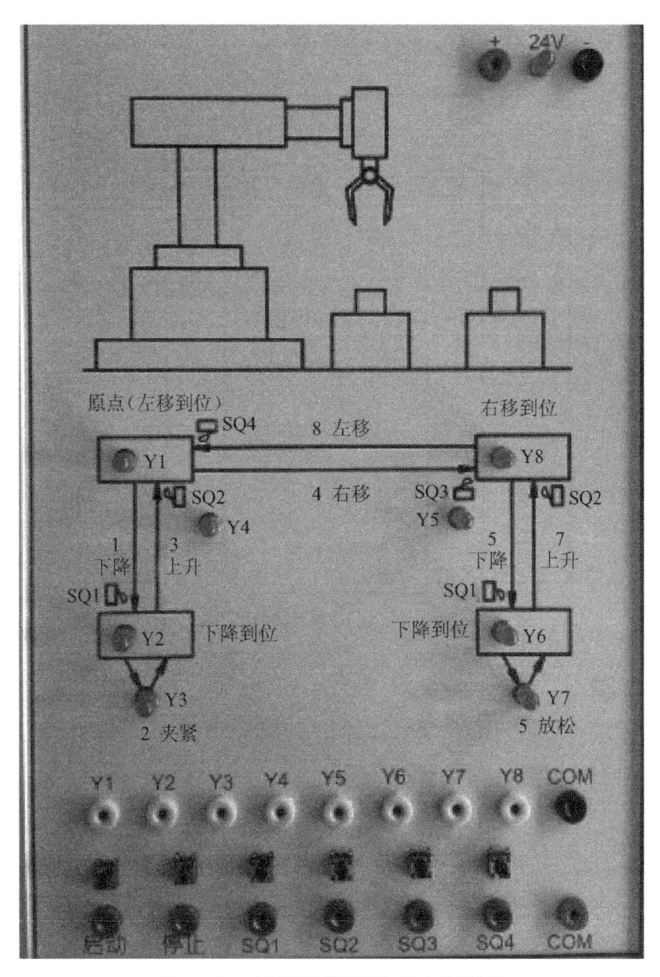

图 8.19 机械手搬运模拟实验装置

机械手搬运系统的 I/O 地址分配见表 8.6。

表 8.6 机械手搬运系统的 I/O 地址分配

输入		输出	
器件(触摸屏 M)	说明	器件	说明
I1(M21)	启动	Q1	Y1
I2(M22)	停止	Q2	Y2
I3(M23)	SQ1	Q3	Y3
I4(M24)	SQ2	Q4	Y4
I5(M25)	SQ3	Q5	Y5
I6(M26)	SQ4	Q6	Y6
		Q7	Y7
		Q8	Y8

机械手电气接口如图 8.20 所示。

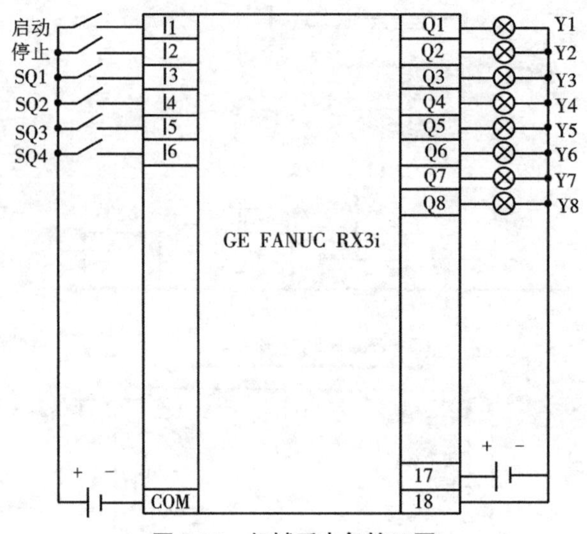

图 8.20　机械手电气接口图

3. 实验内容及步骤

(1)编写 PLC 程序,可参照参考程序,并检查保证正确。

(2)按照电气接口图接线。

(3)下载程序。

(4)置 PLC 于运行状态,调试和运行程序,观察实际运转情况。

(5)实验结束后,关闭电源,整理实验器材。

4. 实验器材

(1)GE Fanuc RX3i 系统,一套。

(2)PSY01 机械手搬运模块,一块。

(3)网线,一根。

(4)连接导线,若干。

5. 预习要求

(1)熟悉本次实验原理、电路、内容及步骤。

(2)仔细阅读本次实验的实验内容及步骤。

6. 实验报告要求

(1)按格式完成实验报告。

(2)不用子程序调用,完成程序编写。

7. 机械手搬运模拟实验参考程序

主程序 MAIN 如图 8.21 所示。

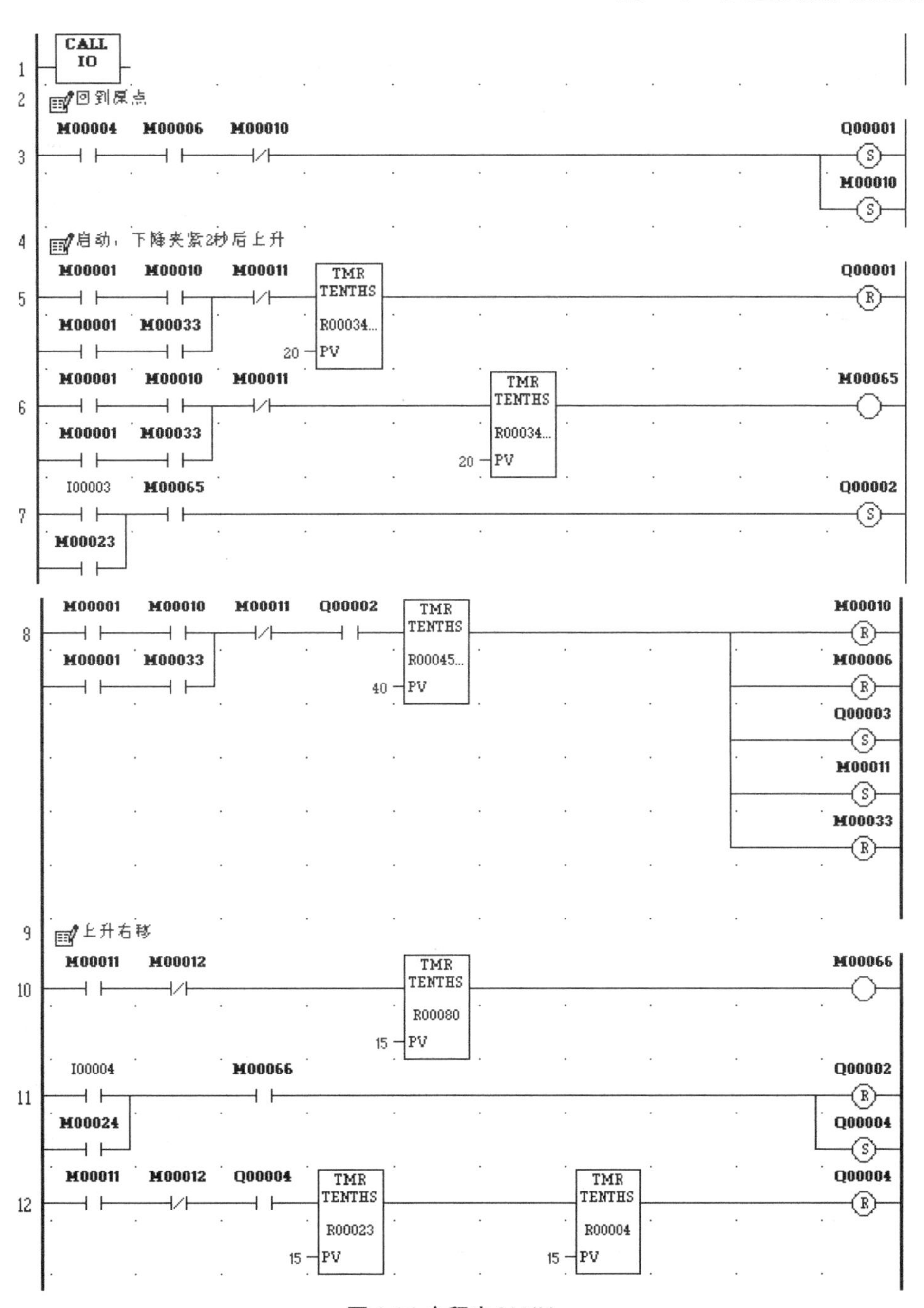

图 8.21 主程序 MAIN

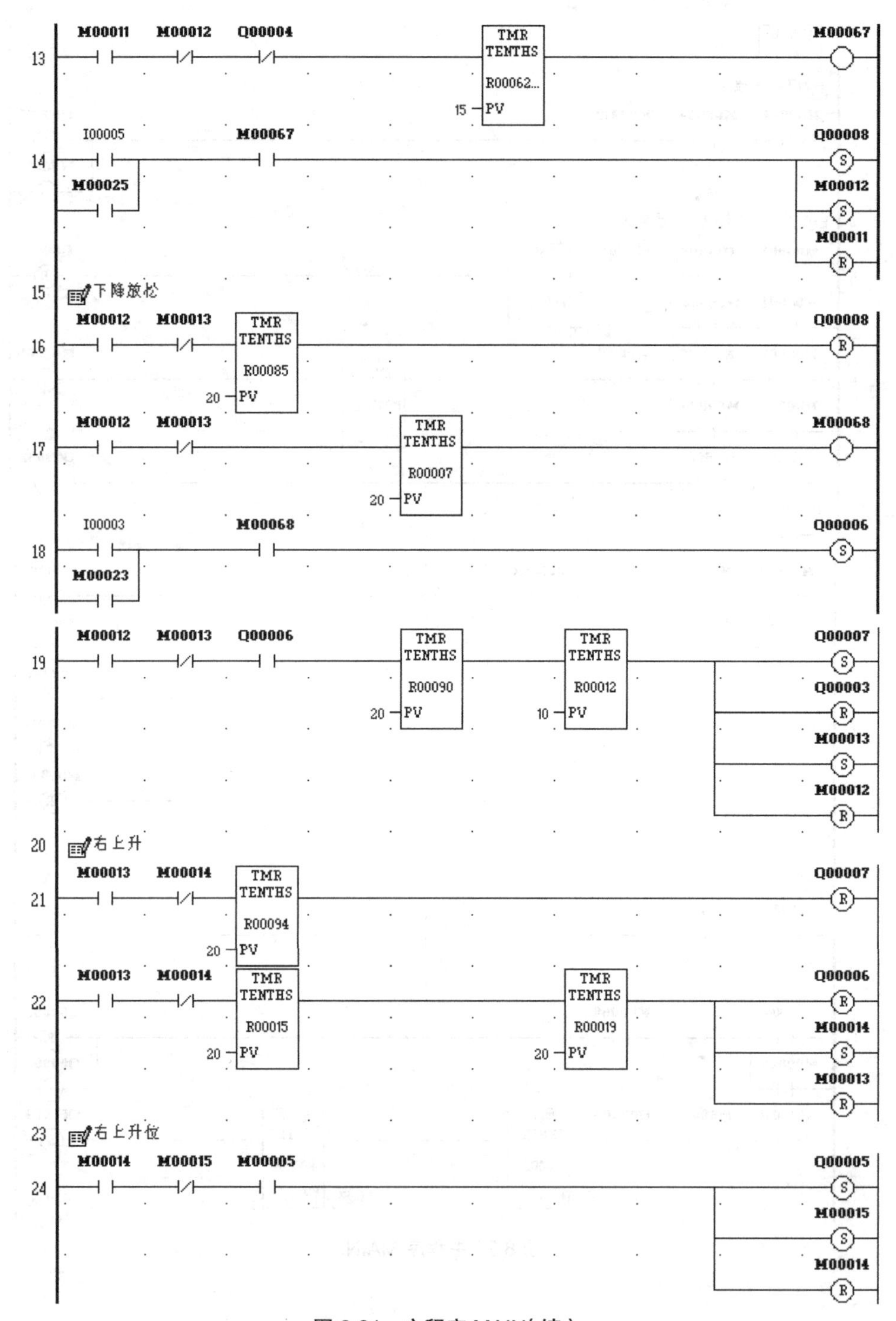

图 8.21 主程序 MAIN(续)

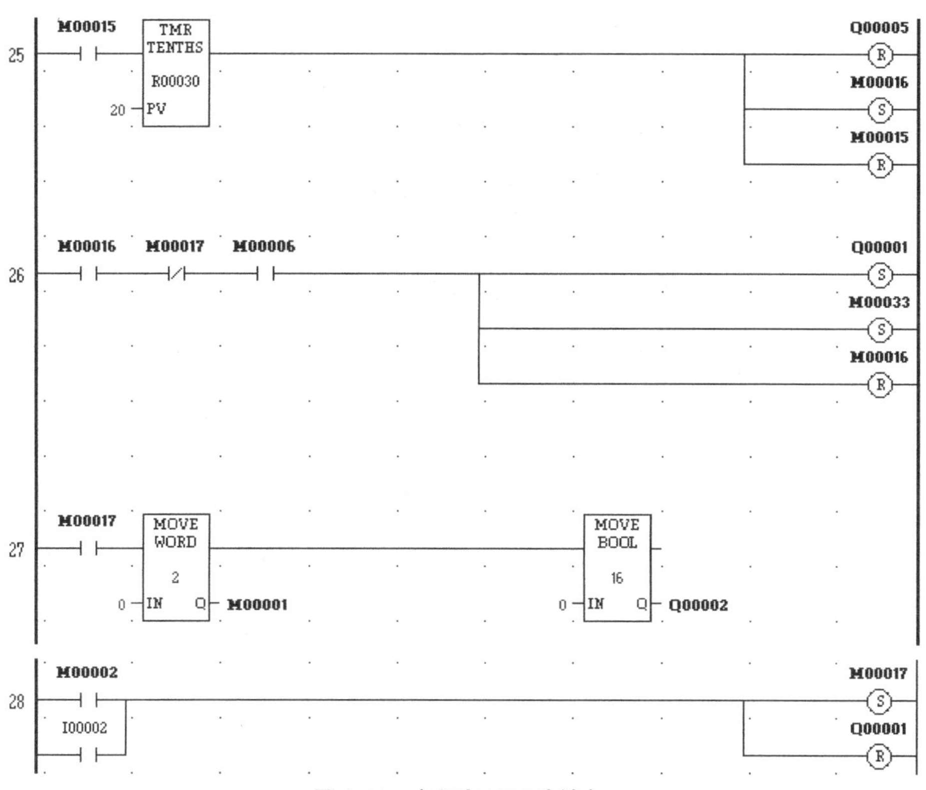

图 8.21　主程序 MAIN(续)

子程序 I/O 如图 8.22 所示。

图 8.22　子程序 I/O

实验 7　三层电梯模拟实验

1. 实验目的

(1)了解三层电梯的基本原理。

(2)熟悉电梯的控制。

2. 实验原理及电路

电梯已是日常生活中的重要工具,在住宅区、商业大厦等很多地方都有应用。

三层电梯模拟实验装置如图 8.23 所示。

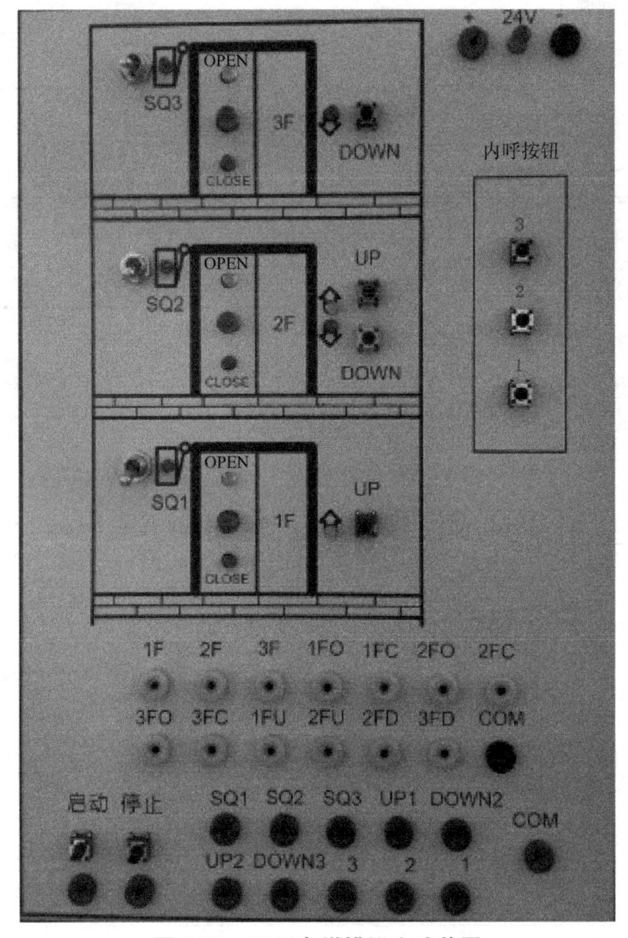

图 8.23　三层电梯模拟实验装置

三层电梯系统工作原理如下。

（1）按下启动按钮电梯至工作准备状态。

（2）三个楼层信号任意一个置 1，表示电梯停在当前层，此时，楼层信号灯点亮。按下电梯外呼信号 UP 或者 DOWN，电梯升 / 降到所在楼层，电梯门打开，延时闭合，此时模拟人进入电梯。进入电梯后，按下内呼叫信号选择要去的楼层，关闭楼层限位（模拟轿箱离开当前层），打开目标楼层限位（表示轿箱到达该层）电梯门打开，延时闭合（模拟人出电梯过程）。

三层电梯系统的 I/O 地址分配见表 8.7。

表 8.7　三层电梯系统的 I/O 地址分配表

输入		输出	
器件（触摸屏 M）	说明	器件	说明
I1	启动	Q1	1F
I2	停止	Q2	2F

续表

输入		输出	
器件(触摸屏 M)	说明	器件	说明
I3	SQ1	Q3	3F
I4	SQ2	Q4	1FO
I5	SQ3	Q5	1FC
I6	UP1	Q6	2FO
I7	DOWN2	Q7	2FC
I8	UP2	Q8	3FO
I9	DOWN3	Q9	3FC
I10	内呼 1	Q10	1FU
I11	内呼 2	Q11	2FU
I12	内呼 3	Q12	2FD
		Q13	3FD

三层电梯电气接口图见图 8.24。

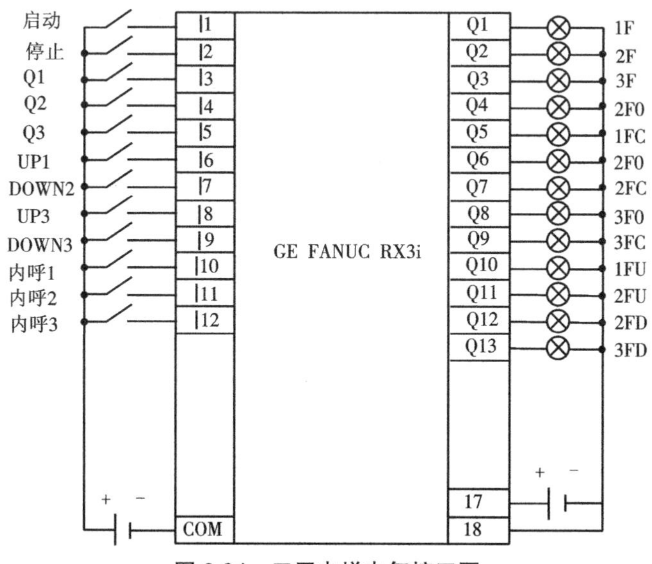

图 8.24　三层电梯电气接口图

3. 实验内容及步骤

(1)编写 PLC 程序,可参照参考程序,并检查保证正确。

(2)按照电气接口图接线。

(3)下载程序。

(4)置 PLC 于运行状态,调试和运行程序,观察实际运转情况。

(5)实验结束后,关闭电源,整理实验器材。

4. 实验器材

(1) GE Fanuc RX3i 系统,一套。

(2)PSY01 三层电梯模块,一块。

(3)网线,一根。

(4)连接导线,若干。

5. 预习要求

仔细阅读并熟悉本次实验原理、电路、内容及步骤。

6. 实验报告要求

(1)按格式完成实验报告。

(2)思考用两个实验模块组成两组三层电梯群控,程序该如何编写。

7. 三层电梯模拟实验参考程序

主程序如图 8.25 所示。

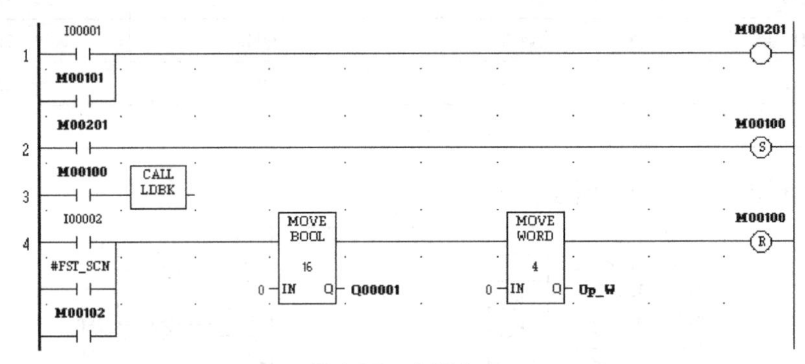

图 8.25　主程序

子程序 LDBK 如图 8.26 所示。

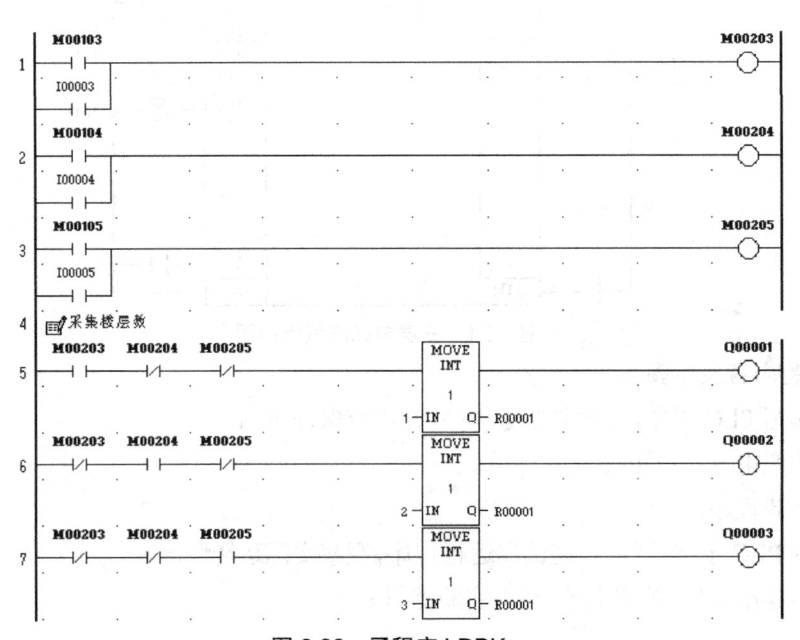

图 8.26　子程序 LDBK

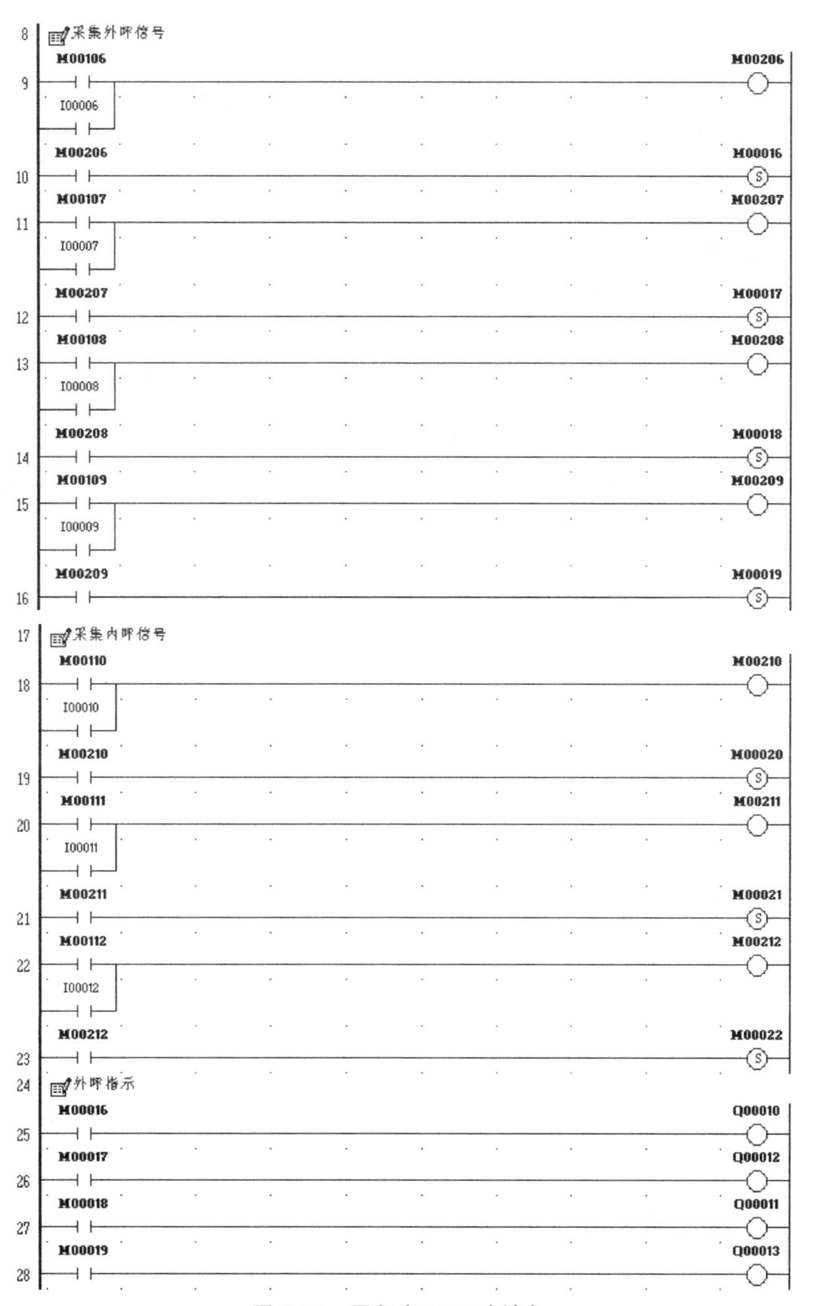

图 8.26　子程序 LDBK(续)

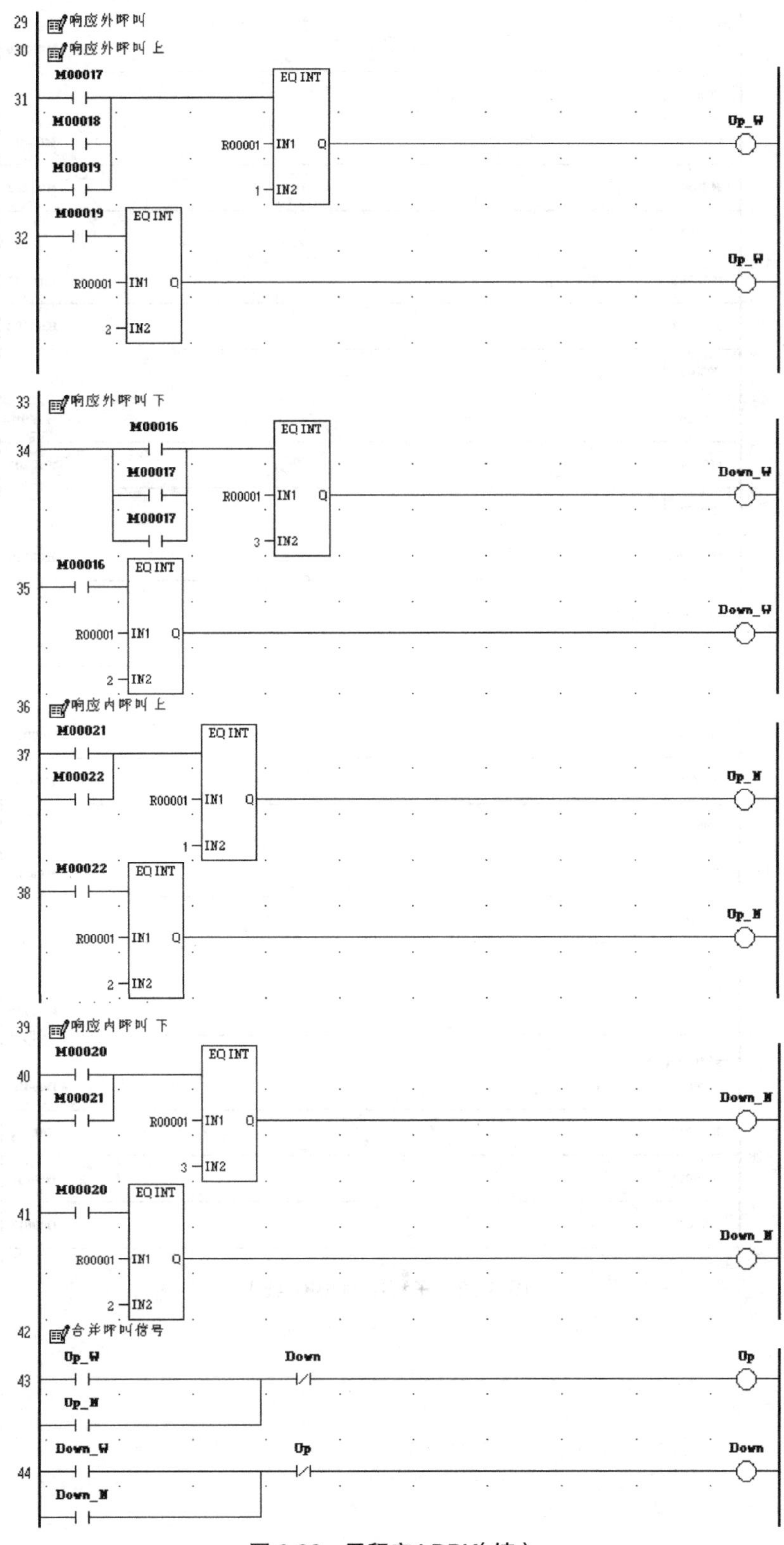

图 8.26 子程序 LDBK(续)

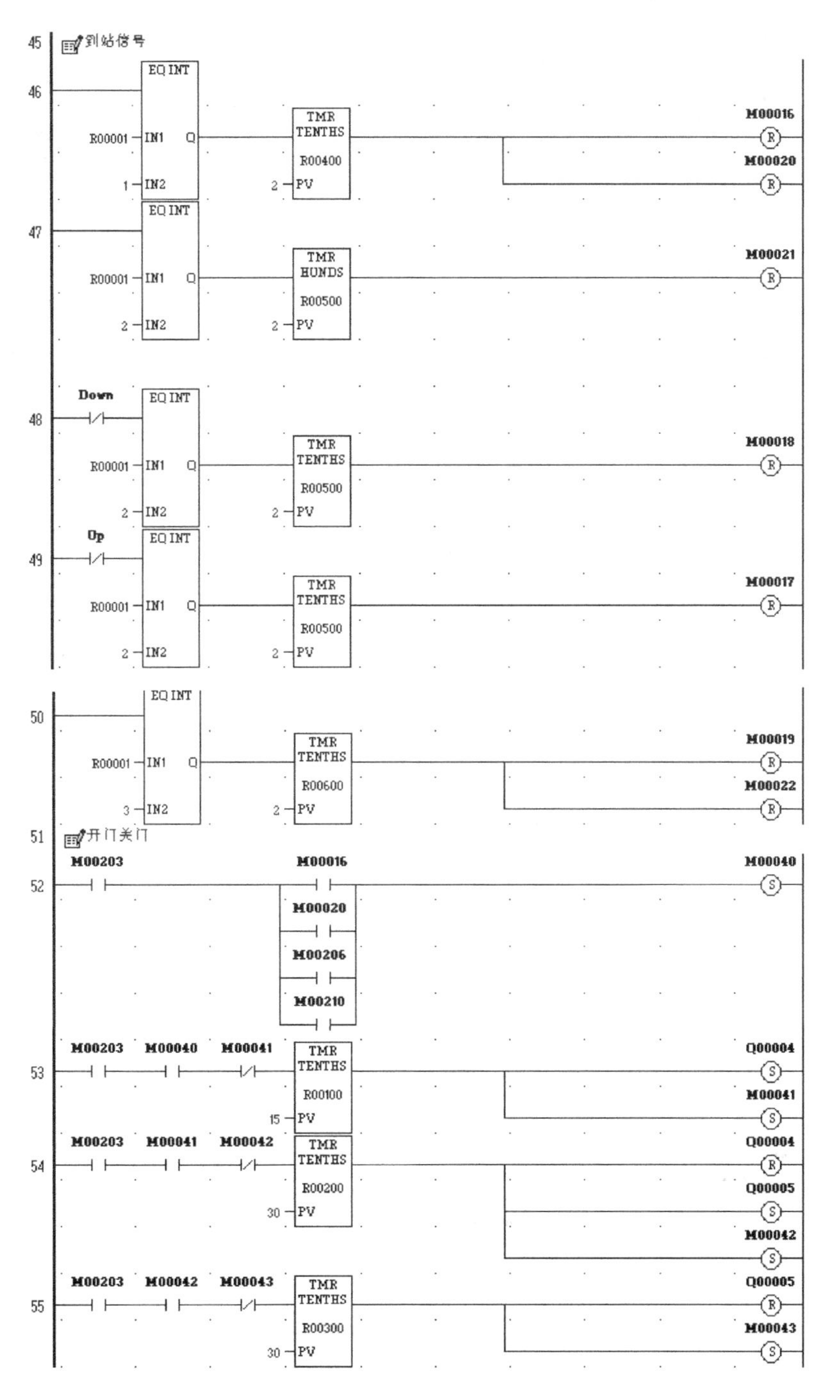

图 8.26　子程序 LDBK(续)

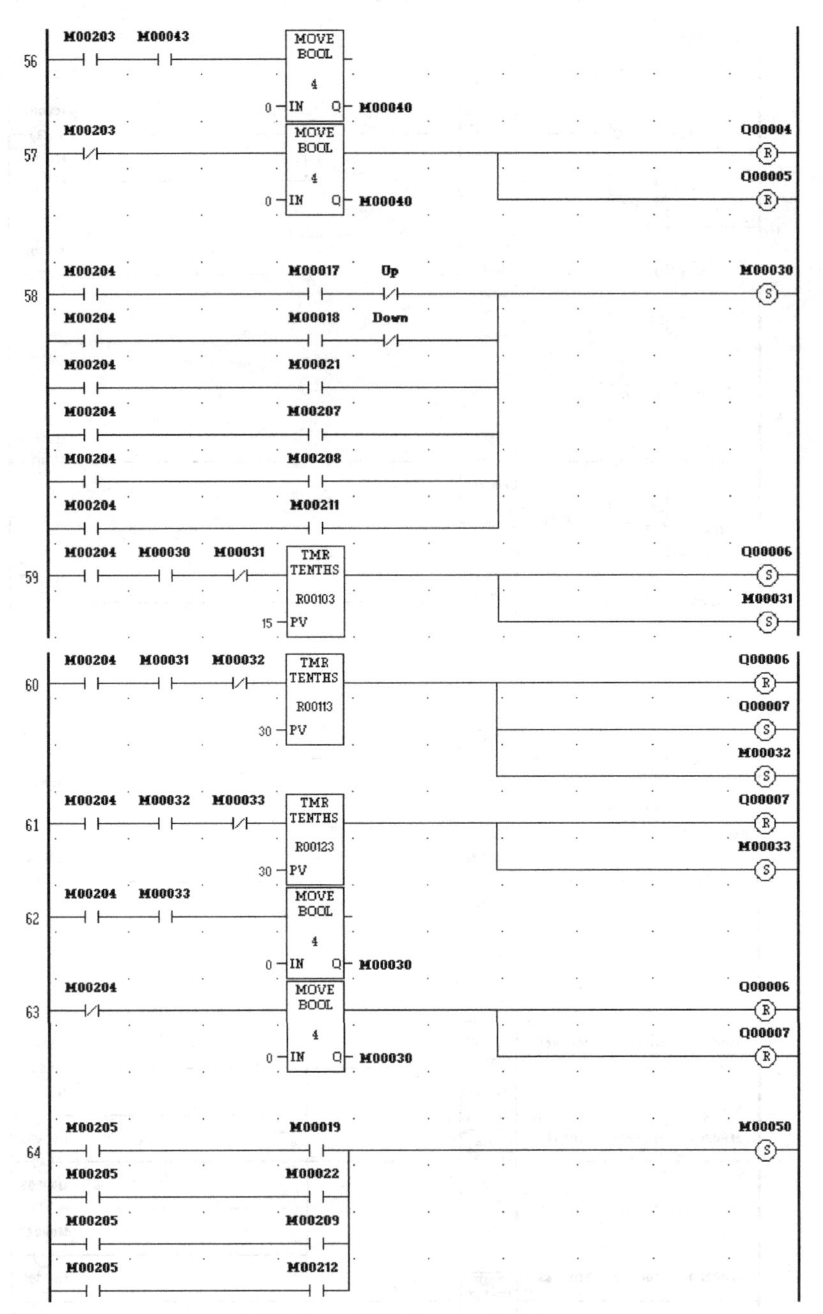

图 8.26　子程序 LDBK（续）

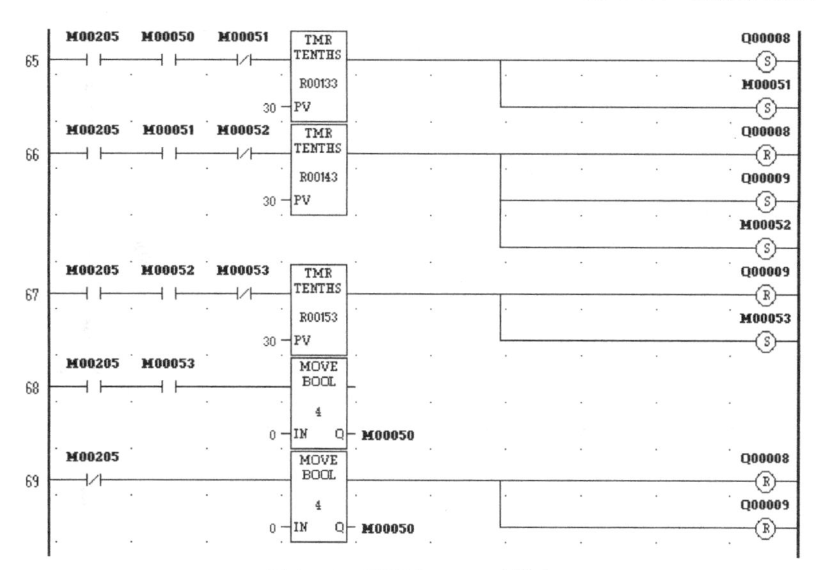

图 8.26　子程序 LDBK(续)

实验 8　乒乓球赛实验

1. 实验目的

(1)熟悉 GE PLC 编程方法。

(2)培养学生逻辑思维能力。

2. 实验原理及电路

要做好乒乓球赛实验首先必须了解乒乓球赛的有关规则,本次实验只做简单乒乓球单打比赛模拟。两名球员 A 和 B，A 方发球,球以一定的轨迹飞向 B,在球未落地之前 B 接球,球则反方向飞向 A,若 B 未击中,球落地则 A 得分。反之亦然。

乒乓球赛实验装置如图 8.27 所示。

乒乓球赛系统操作步骤如下。

(1)按表 8.8 连接线路。

(2)检查完毕,通电正常后,按下 A 方击发球按钮,轨迹灯按从 A 到 B 的方向依次亮灭,当 K 灯亮时,按下 B 方击发球按钮,则 K 灯灭，L 灯亮,轨迹灯按从 B 到 A 的方向依次亮灭;当 K 灯亮时,未按 B 方击发球按钮，K 灯灭时 A 方得分灯亮。反之先按 B 灯,效果亦然。

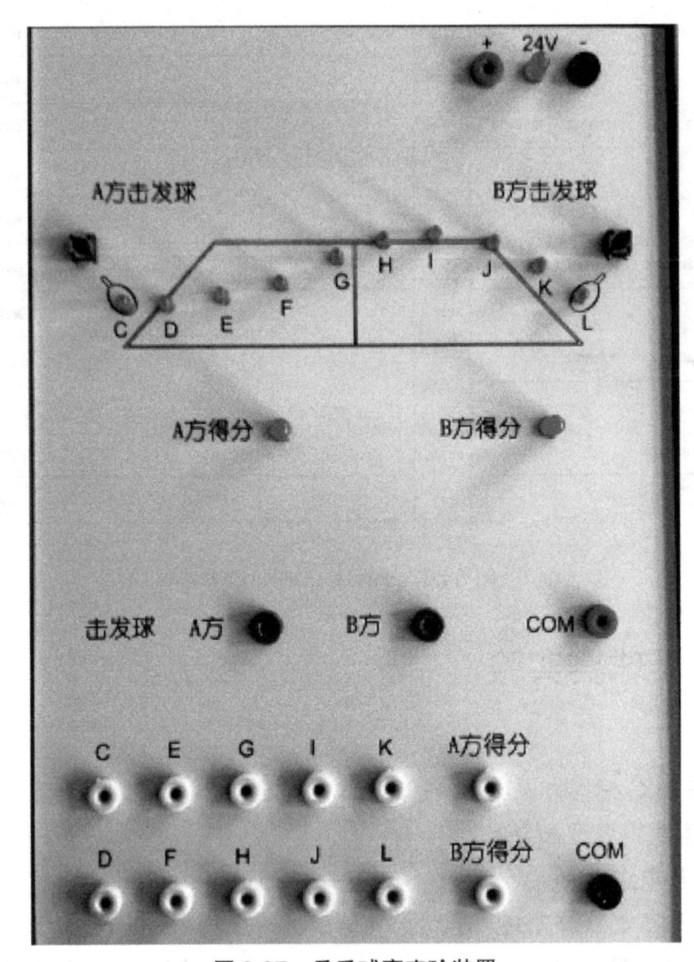

图 8.27 乒乓球赛实验装置

乒乓球赛实验系统的 I/O 地址分配见表 8.8。

表 8.8 乒乓球赛实验系统的 I/O 地址分配

输入		输出	
器件（触摸屏 M）	说明	器件	说明
A 方击发球	1I	C 灯	1Q
B 方击发球	2I	D 灯	2Q
		E 灯	3Q
		F 灯	4Q
		G 灯	5Q
		H 灯	6Q
		I 灯	7Q
		J 灯	8Q
		K 灯	9Q
		L 灯	10Q

续表

输入		输出	
器件(触摸屏 M)	说明	器件	说明
		A 方得分	11Q
		B 方得分	12Q

3. 实验内容及步骤

(1)编写 PLC 程序,可参照参考程序,并检查保证其正确。

(2)按照 I/O 地址分配表接线。

(3)下载程序。

(4)置 PLC 于运行状态,调试和运行程序,观察实际运转情况。

(5)实验结束后,关闭电源,整理实验器材。

4. 实验器材

(1) GE Fanuc RX3i 系统,一套。

(2)网线,一根。

(3)连接导线,若干。

5. 预习要求

仔细阅读并熟悉本次实验原理、电路、内容及步骤。

6. 实验报告要求

(1)按格式完成实验报告。

(2)了解如何实现正反旋转。

7. 乒乓球赛实验参考程序

乒乓球赛实验参考程序如图 8.28 所示。

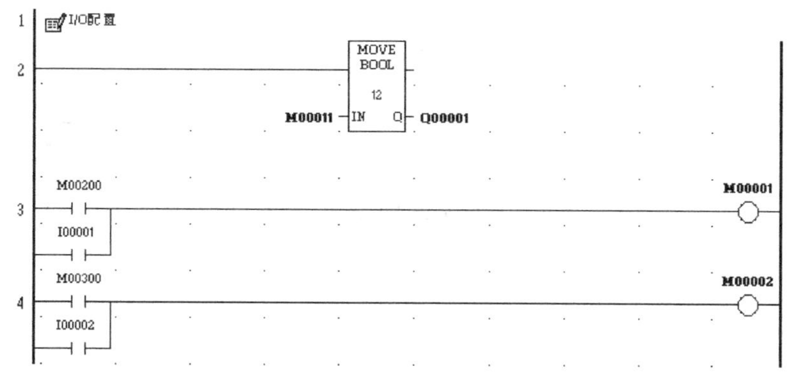

图 8.28　乒乓球赛实验参考程序

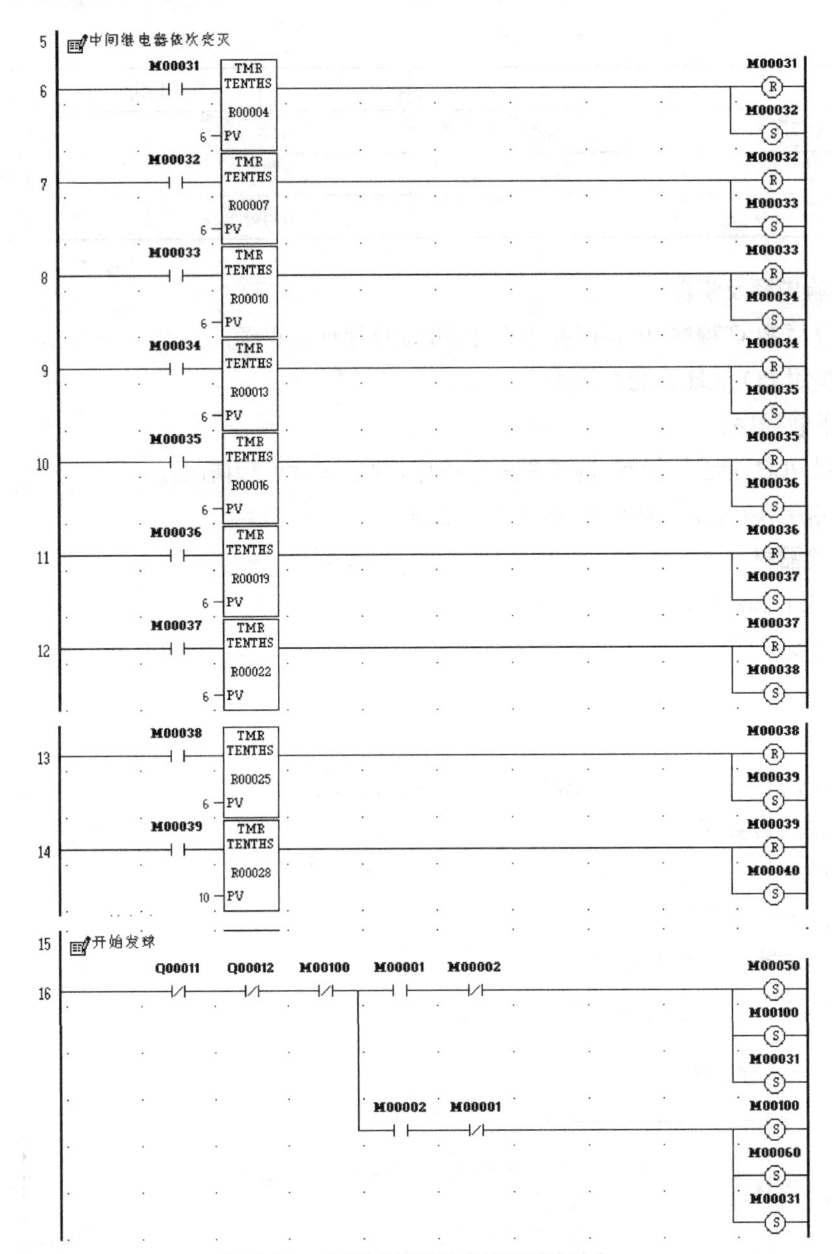

图 8.28　乒乓球赛实验参考程序（续）

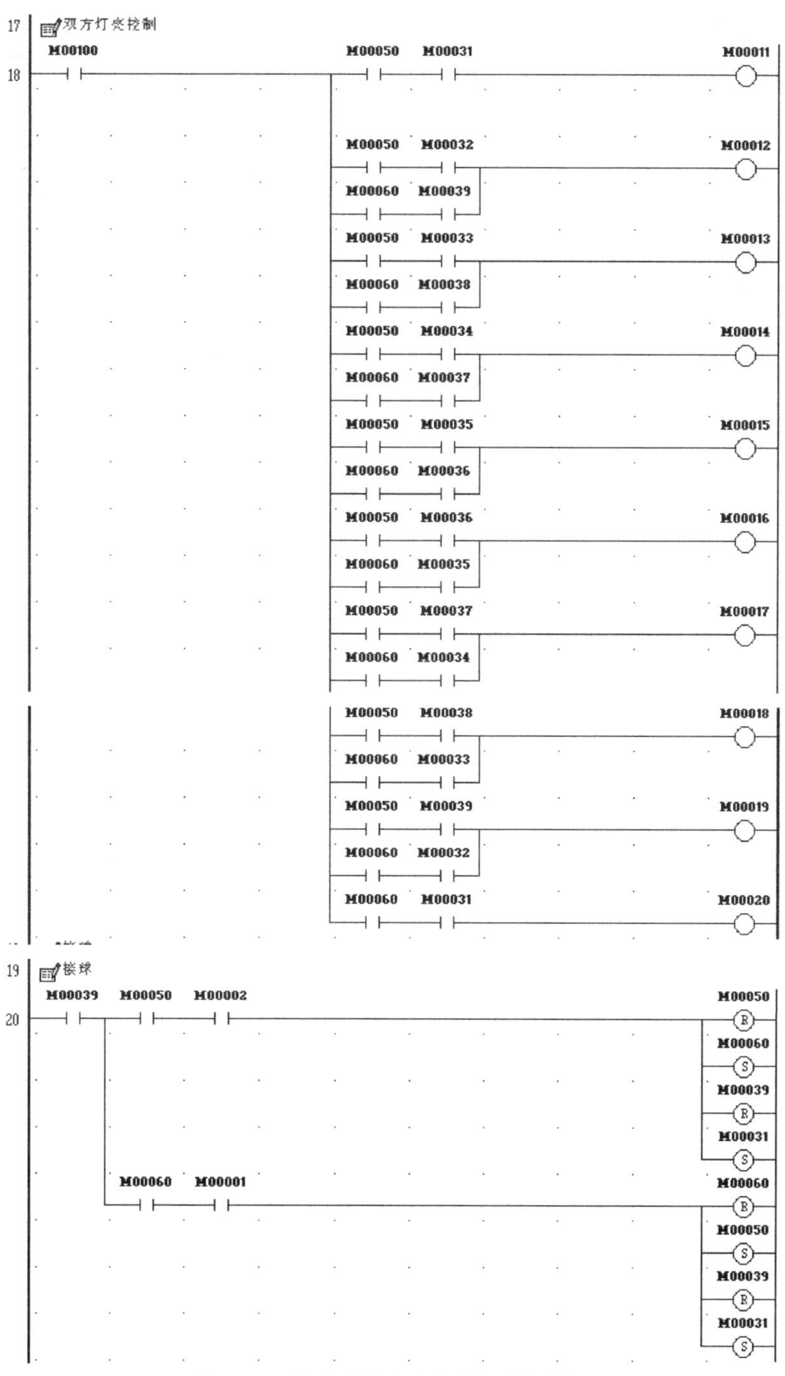

图 8.28　乒乓球赛实验参考程序(续)

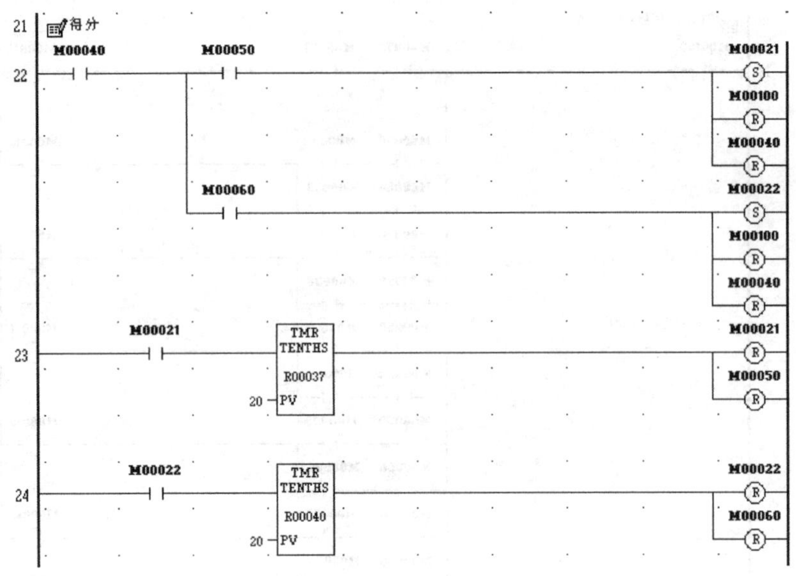

图 8.28　乒乓球赛实验参考程序(续)